科学新悦读文丛

身边有科学
包罗万象的物理

刘行光 ◎ 编著
杨仕强 ◎ 绘

人民邮电出版社
北京

图书在版编目（CIP）数据

身边有科学. 包罗万象的物理 / 刘行光编著 ; 杨仕强绘. -- 北京 : 人民邮电出版社, 2021.8
（科学新悦读文丛）
ISBN 978-7-115-55952-4

Ⅰ. ①身… Ⅱ. ①刘… ②杨… Ⅲ. ①自然科学－普及读物②物理学－普及读物 Ⅳ. ①N49②04-49

中国版本图书馆CIP数据核字(2021)第021782号

◆ 编　　著　刘行光
绘　　　　杨仕强
责任编辑　王朝辉
责任印制　王　郁　陈　犇

◆ 人民邮电出版社出版发行　　北京市丰台区成寿寺路 11 号
邮编　100164　　电子邮件　315@ptpress.com.cn
网址　https://www.ptpress.com.cn
三河市中晟雅豪印务有限公司印刷

◆ 开本：880 × 1230　1/32
印张：6.375　　2021 年 8 月第 1 版
字数：128 千字　　2021 年 8 月河北第 1 次印刷

定价：39.80 元

读者服务热线：(010)81055410　印装质量热线：(010)81055316
反盗版热线：(010)81055315
广告经营许可证：京东市监广登字 20170147 号

内 容 提 要

物理无处不在，它藏身于我们生活中的每一个角落。本书内容紧密联系生活实际，从一个又一个自然有趣的话题谈起，生动活泼地用物理知识解释了生活中常见的现象和事物，涵盖了物理学中的力学、热学、声学、电学、光学等方面的知识。旨在引导读者主动学习、主动探究，从身边的事物、生活的经验着眼，观察物理现象、学习物理知识、探究物理奥秘，并学会如何应用物理方法解决实际问题。

本书为大众科普读物，文字通俗，说理浅显，适合广大物理爱好者阅读，尤其适合青少年读者学习使用。

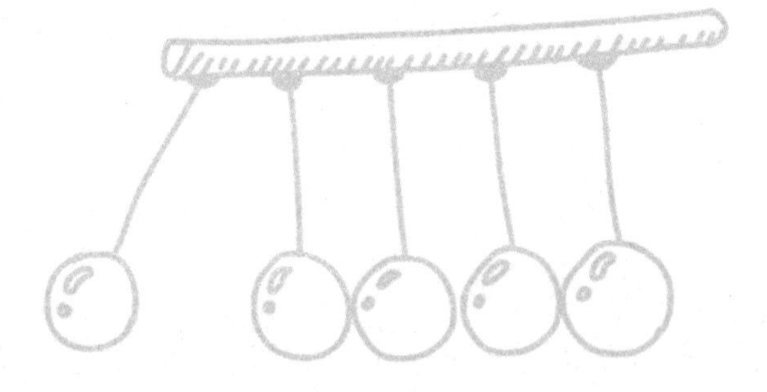

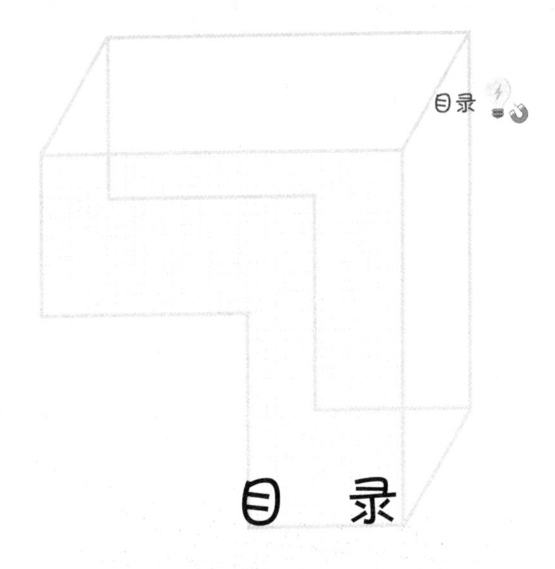

目 录

开场白

第 1 章　我们周围的力学　// 10

第 4 章　我们周围的电学　// 122

第 5 章　我们周围的光学　// 168

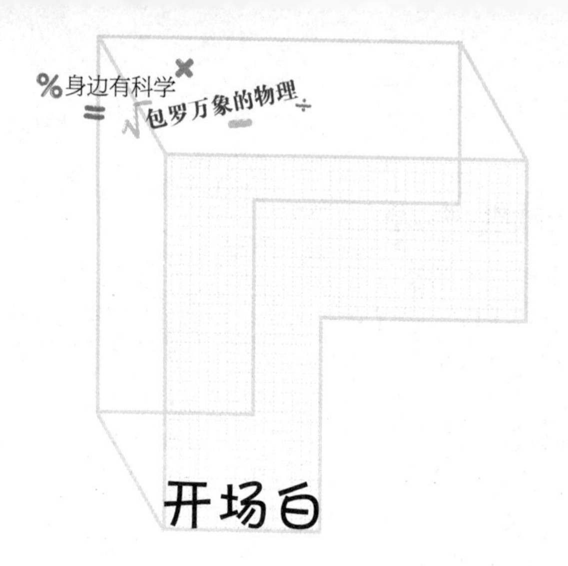

开场白

12月中旬的一个星期天上午，我带着儿子刘畅去哥哥家。小侄子刘书戎一见我，就兴高采烈地说："叔叔，我早就盼望您来啦！"

他是一个初中三年级的学生，很喜欢下象棋、打羽毛球。我随口说："是啊，我好久没有来跟你玩了，今天咱们痛痛快快地杀几盘、打几局。"

"叔叔，今天我不下棋、不打球了！"

正当我对书戎的回答感到纳闷的时候，哥哥插嘴说："过去你常夸他物理学得好，其实他全靠死记硬背。半个月前，他听了一位物理学家的报告，就坐不住了。"

书戎接着说："那位物理学家谈到现代科学和日常生活之间并没有一条鸿沟。

在生活中也有学物理、用物理的广阔天地，就看你能不能开动脑筋、细心观察、勤于思考！我虽说已经学了一年多物理，还自学了一些高中的物理知识，但是对‘身边的物理’几乎一无所知，您说能不着急吗！”

“原来是这么回事！”我笑着说，“那么好，就从今天开始，我们按照力学、热学、声学、电学和光学的顺序，一起来漫谈我们身边的物理知识，总题目就叫‘包罗万象的物理’。”

“太好了，我保证做好后勤保障！”哥哥插话说，“其实我们生活在一个物理世界中，对身边司空见惯的物理现象可能已经浑然不觉了，但是这些现象背后都有着深刻的道理和其发生的必然性。观察、思考、解释这些现象背后的物理知识，本身就是很有意义的事情。”

第1章
我们周围的力学

听说我要讲“我们周围的力学”，书戎很高兴，连忙拉我在客厅的沙发上坐下，说：“记得我第一次接触到力学的时候，对它既感到陌生，又相当好奇，总想知道它是研究什么的，有什么用处。”

我喝了一口水，笑着解释说：“在初中物理课程中，力学所研究的是我们这个变化万千的世界中最简单、最基本的运动形式——机械运动。人类能实现遨游太空、踏上月球的创举，力学这门科学是立下了‘汗马功劳’的，而且历史上还有许多有趣的力学故事，你知道吗？”

书戎想了一下，说：“我知道，牛顿在苹果树下发现地心引力，伽利略在比萨斜塔上证明不同质量的物体同时落到地面上，阿基米德在浴缸中发现浮力的原理……这些都是力学中有趣的故事或传说。”

我点了一下头，接着说：“生活中有许多现象也蕴藏着丰富的力学道理，我们的不少日常活动都可以说是一次次力学的实验。例如，用指甲钳剪指甲是杠杆实验，用橡皮筋弹弓发射弹丸是弹性实验，推铅球是斜抛实验……”

两个数代表的意义一样吗

正当我们讨论力学的时候，嫂子拎着一条鲤鱼，乐呵呵地进门了。我故意问她，这条鱼有多重。她说："在农贸市场买的，没有称，约莫有 2 斤（1 斤 = 500 克）。"

哥哥冲着她说："约莫个啥，拿秤来称一称，不就知道了！"

书戎转身拿了杆秤来，一称正好是 2 斤。这时候我也从手提包里掏出旅行秤，递给书戎："你再用这个秤称一下看看。"

"叔叔，这是什么秤啊？"

"旅行秤，就是一种弹簧秤。它可以随身携带，用起来很方便。"

书戎把鱼往弹簧秤秤钩上一挂，看到指针正好指在 1 千克的刻度上，就说："1 千克等于 2 斤，这旅行秤还挺准的，称出的数和杆秤一样！"

"两个数真的一样吗？"我突然问。

"当然一样！"书戎毫不犹豫地说，"因为它们都表示鱼的质量是 2 斤。"

"不对！"我郑重其事地说，"这两个数代表的意义不同！"

书戎愣住了，低声地嘟囔说："明明都是 2 斤，怎么不一样呢？"

"你想想，用弹簧秤称物体，测出的数应该表示什么？"我问。

他脱口而出："重量，也就是重力。"

"那么用杆秤或者天平称出的数呢？"

他想了一下说："表示物体的质量。"

"是呀，质量和重力是两个不同的概念。质量表示物体所含物质的多少，是一个恒量，在任何地方都不会变化。重力表示物体受到地球吸引力的大小，计算公式是 $G = mg$，其中 G 表示重力，m 表示质量，g 表示重力加速度，大小约为 9.8 牛 / 千克。g 的值还随着纬度变化而改变，在赤道上最小，约为 9.78 牛 / 千克；在两极上最大，约为 9.83 牛 / 千克。例如刚才这条鲤鱼，不管在什么地方称，质量都是 1 千克（2 斤），但是重力就不同了，在赤道上测是 9.78 牛，在北极测就变成 9.83 牛。"

"既然这样，在日常生活里为什么可以用弹簧秤称出的数值来代表质量呢？"书戎问。

我笑着说："这是因为弹簧具有受力后产生与外力相应的形变的特性。根据胡克定律，弹簧在弹性极限内的形变量与所受力的大小成正比。称重时，弹簧形变所产生的弹力与被测物的重量（重力）相平衡，故从形变量的大小即可测得被测物的重力，进而再确定其质量。例如一个弹簧原长 10 厘米，受到 9.8 牛的拉力作用后的长度为 11 厘米，则弹簧的伸长量为 1 厘米，这个拉力就近似等于质量为 1 千克物体产生的重力，所以就可以在刻度上伸长量为 1 厘米处标为 1 千克；当弹簧受到 19.6 牛的拉力作用后它的长度为 12 厘米，则弹簧的伸长量为 2 厘米，可以在刻度上伸长量为 2 厘米处标为 2 千克。以此类推，我们还可以在 1 千克和 2 千克之间进行 10 等分，表示 0.1 千克，这样弹簧秤的刻度就可以直接显示为质量值了。"

小杆秤怎么称大重物

我问书戎："你使的杆秤最多可以称多少斤？"

"20斤。"

"假如现在要用它称几百斤的大重物，你说行吗？"

他不以为然地笑着说："叔叔，您别开玩笑了，连二十几斤它都称不了，还能称几百斤？"

我正儿八经地说："这可是真的，我还称过呢！"

我的话立刻引起了书戎的兴趣，他急切地问："那您是怎么称的？"

“称法很简单，”我一面在纸上画示意图一面说，“找一根杠棒，在重心 O 处绑一根粗绳子，另找一根杠棒穿过粗绳的绳圈，把重物架起来。如果被称物体的质量很大，也可以由两个人抬着。再用一根粗绳子把被称的重物绑住，粗绳的绳圈挂在靠近 O 处的 A 点上。在杠棒的末端 B 点上绑一根绳子，绳圈挂在杆秤的秤钩上。然后提起秤纽，把秤锤向外移动，当重物被提离地面、杆秤达到平衡的时候，记下杆秤上的读数，同时用尺子量得 OA 和 OB 的长度，就可以算得物体的质量了。”

“这个办法好像是利用了杠杆的平衡条件，对吗？”书戎若有所思地问。

“是的，”我说，“杆秤能够称物体的质量，就是利用了杠杆平衡条件。你知道杠杆平衡条件是怎么说的吗？”

书戎想了一下说：“要使杠杆平衡，作用在杠杆上的两个力（动力和阻力）的大小跟它们的力臂成反比。也就是动力 × 动力臂 = 阻力 × 阻力臂，用代数式表示为 $F_1 \times L_1 = F_2 \times L_2$。式中，$F_1$ 表示动力，L_1 表示动力臂，F_2 表示阻力，L_2 表示阻力臂。”

“你说的很对！现在我们用小杆秤称大重物，是再一次利用了这个原理。在这里，O 是支点，秤的质量读数为 m，其受的力 $G=mg$ 是动力，OB 表示动力臂；重物的质量为 M，其重力 $W=Mg$ 是阻力，OA 表示阻力臂。因为杠棒是平衡的，所以一定满足等式 $G \times OB = W \times OA$，也就是 $mg \times OB=Mg \times OA$。假定 $m=20$ 斤，$OB=100$ 厘米，$OA=5$ 厘米，

约掉等式两边的公因数重力加速度 g，那么重物的质量就是

$$M=\frac{m\times OB}{OA}=\frac{20\times 100}{5}=400（斤）。”$$

“噢，是这样！”书戎一面点头一面说，“哎，叔叔，那这支点 O 为什么必须选在杠棒的重心上？”

“这样做可以使问题简单化。”我回答说，“你想，这样一来，杠棒平衡的时候，它本身的质量不就可以不用考虑了吗！”

书戎赞叹说：“小秤大用，真是妙不可言！”

什么物理规律在“欺侮”小孩

突然，刘畅在过道里哭了起来，只听哥哥说：“你这孩子就会跑，也不小心点，看把你摔了吧！”我连忙跑过去扶起他。哥哥指着站在一旁傻笑的书戎说：“你小时候也是这个样，跑起来跌跌撞撞，老是栽跟头。”

书戎好像挺委屈地说：“我也不知道怎么的，小时候一快跑就经常跌跤。”

我笑着对哥哥说：“小孩是容易跌跤，你也不能全怪他们。”

“好啊，你还为他们辩护！”他提高了嗓门说，“那怪谁呢？”

“这里面有物理学上的原因。”

我的话音刚落，书戎迫不及待地说：“叔叔，您快说说，是什么物理规律在欺侮我们小孩？”

我没有直接回答他的问题，只是问：“你说我们站着为什么不会跌倒？”

“因为通过身体重心的竖直线落在由两只脚形成的支面里。”

“要是通过身体重心的竖直线越出了支面呢？”

“就会跌倒呗！”

“对啊！”我说，“我们走路的时候，总是要把身体向前倾，使通过重心的竖直线越出支面，等于在做一个接一个的跌倒动作。而双脚交替向前移动，正是为了维持新的平衡。假如你跑得很快，通过重心的竖直线远远越出支面，后脚又来不及跟着向前移动，不就跌倒了嘛！”

“哎，叔叔，您讲的这些规律对大人、小孩都是适用的，为什么偏偏小孩跌跤的可能性比大人大呢？”

“主要原因就是你们小孩的个儿比大人矮。”

“不对啊！”书戎沉思了片刻说，“我记得物理书上说过，物体的重心越低，平衡越稳定。小孩比大人个儿矮，重心也比大人低，应该不容易跌倒。”

“你这是在张冠李戴，”我笑着说，“你说的这个规律，是对稳定平衡来说的。对于支面不断移动的不稳平衡，情况刚好相反：重心越高越有利于移动支面，来维持新的平衡。不信你可以做一个简单的实验……”

书戎很快找来一根一米多长的细竹竿和一根筷子，按我说的实验方法，先后用手指顶了起来。只见竹竿顶得比较稳，而筷子老是倒下。通过亲身实践，他深有体会地说："确实是重心比较高的竹竿好顶，因为它倒下得比较慢，一旦开始倾倒，我有比较充裕的时间移动手指，使它达到新的平衡。而筷子就不是这样，它的重心低，说倒就倒，手指来不及移动。"

"你对实验总结得很好！"我接着说，"人走路时候的平衡，和顶在手指上的竹竿的平衡相类似，是用一只脚作支面的不稳平衡。大人的重心高，跌倒所用的时间长，移动后脚维持新的平衡自然就容易些。小孩的重心低，跌倒所用的时间短，往往还没有等后脚向前移，人就倒地了。"

"噢，我明白了！"书戎兴奋地说，"快跑更容易跌跤，是因为这时候身体向前倾倒得更厉害，通过重心的竖直线远远越出了支面，为了维持新的平衡，后脚需要向前移动得更快，容不得半点迟缓。"

小力产生大压强

哥哥有在星期天欣赏音乐的习惯。“来，我们一起听几首独唱歌曲，好吗？”没等我回答，他打开了唱机，放上唱片，优美动听的歌声就响了起来。我看出书戎因为他爸打断了我们的谈话而有点不高兴，就小声对他说：“咱们边听边谈吧。”

“这咿里哇啦的，怎么谈啊？”

“我们就谈唱机吧，你知道唱针对唱片的压强有多大吗？”

他摇摇头：“不知道。”

我提示他：“唱针的针尖和唱片的接触面积大约是 0.0001 平方厘米，假定唱片上

唱头的质量是半两（1 两 = 50 克），也就是 0.025 千克……"

没等我说完，书戎抢着说："根据'压强是单位面积上受到的压力'的定义，唱针对唱片的压强计算公式是：$p = F/S$，而压力 F 就是唱头的重力 G，重力 $G = mg = 0.025 \times 9.8 = 0.245$（牛），而 S 是 0.0001 平方厘米，也就是 10^{-8} 平方米，所以压强是 $0.245 \div 10^{-8} = 2.45 \times 10^{7}$（帕），也就是 24500 千帕。"

"算得对！"我说。

"这压强好大啊！"书戎惊讶地说，"记得我以前曾经计算过，我的体重是 49 千克，每一只脚同地面接触的面积是 175 平方厘米，当我站立的时候，对地面的压强是 27440 帕，大约只有唱针对唱片的压强的 1/900！"

"你可知道，还有一种唱机，它的唱头质量少说也有半斤，因此，唱针对唱片的压强可以达到 245000 千帕。"我估计书戎要问这么大的压强为什么不会把唱片压坏，就补充说，"幸好这种压强是静压强，并且是稳恒地作用在唱片上的，而唱片对于静压强有着惊人的抵挡能力，所以它能够安然无恙。"

"半斤就是 0.25 千克，重力大约为 2.45 牛，竟然可以产生 245000 千帕的压强，"书戎自言自语地说，"这真是小力产生大压强啊！"

"你知道吗？在家里，利用小力产生大压强的例子多得很呢！"

"这我知道，"书戎连珠一样地说，"例如图钉、缝衣针、钉子、锥子、斧头、切菜刀等，都是利用小力作用产生大压强，为我们服务的。"

“说得对！”我说，“和唱针对唱片的压强相比，向墙上按图钉的时候，图钉对墙产生的压强要大得多。假定图钉尖的面积是 0.0004 平方厘米，按图钉的力若是 3.92 牛，那么压强就是 9.8×10^8 帕。也正因为这样，图钉才能被按进坚硬的墙里。再说切菜刀吧，刀口薄而锋利，切起东西来就省力。用了一段时间，刀口变厚变钝了，受力的面积变大了，再用同样的力去切东西，压强就变小，切起东西来也费劲。切菜刀要经常磨，道理就在这儿。”

刀怎么磨更锋利

听我们谈到磨刀，嫂子在厨房里说：“我这把刀切东西又不快了，劳驾你再给磨一磨吧。”以前差不多每隔一段时间，我总要帮她磨一次刀，不比磨刀师傅磨得差。

书戎一听妈妈要我磨刀，就嚷嚷开了：“磨刀谁还不会，把刀放在磨刀石上来回多蹭几次就得了，还非得麻烦叔叔！”

我和颜悦色地说：“哎，书戎，你说得也太轻巧了。磨刀并不像你想的那样简单，更不是人人都会磨的。”

他惊奇地问：“难道磨刀还有诀窍？”

“当然有，”我一边磨一边问他，“你知道菜刀为什么能够把东西切开吗？”

“这刚才您不是说过了嘛，因为刀口薄，用不大的力就可以产生很大的压强。”

“仅仅这样说还不够，”我把菜刀拿到他面前说，“你仔细观察一下就可以发现，刀是劈形的，它的侧面是斜面。用力切东西的时候，在刀口切进东西里面的同时，刀的侧面就把东西向两边推压，于是东西被切开了。我们假定菜刀是一个理想的劈形。根据力的分解，用力切东西的时候，加在刀上的力 F 可以分解成刀的两个侧面对东西的推压力 F_1 和 F_2。”我一面比画着一面说，“由相似三角形的对应边成比例可以知道，F_1（或者 F_2）和 F 的比等于刀面宽度 l 和刀背宽度 d 的比，也就是 $F_1:F=l:d$。假如菜刀的刀背宽度 $d=1$ 厘米，刀面宽度 $l=8.5$ 厘米，你用 20 牛的力切东西，那么刀面向两边推压东

$$F_1=\frac{F\cdot l}{d}=\frac{20\times 8.5}{1}=170（牛）$$

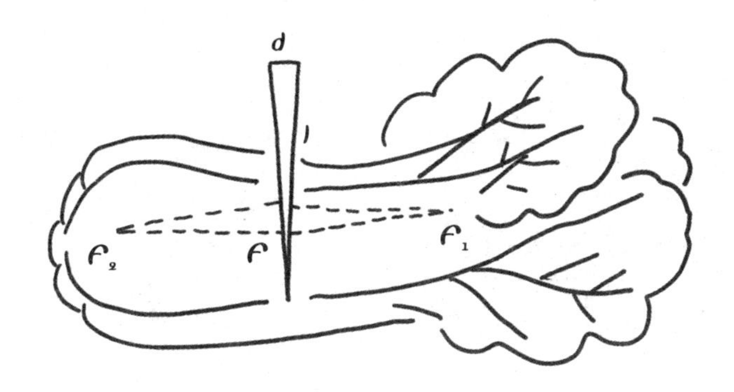

西的力就是$F_1=\frac{F\cdot l}{d}=\frac{20\times8.5}{1}=170$（牛）。假如这把菜刀的刀背宽度$d$减小一半，刀面宽度保持不变，这时候同样用20牛的力切东西，从上面的公式可以知道，刀面向两边的推压力就增大到340牛。”

书戎终于听懂了，脸上也露出了笑容。他像做总结一样地说：“这么说刀面宽度比刀背宽度大得越多，或者说，刀的两个侧面的夹角越小，刀就越锋利，切起东西来也越省力。”

“是这样！”我点头说，“磨刀的诀窍就是根据这个道理，设法把刀口磨得很薄，使刀口斜面间的夹角尽量小。所以，正确的磨刀方法应该是在磨刀的时候使刀面尽量贴紧磨刀石。这样虽然磨得慢一些，但是磨出的刀口斜面间的夹角可以很小，刀口很锋利，使用起来既顺手又省力。假如你贪快，图省事，磨刀的时候把刀背抬得很高，或者像常见的有些人那样，把用钝的刀在缸边上蹭几下，虽然也可以使钝刀暂时变得稍锋利一点，但用不多久又不快了，原因是这样磨出来的刀口斜面间的夹角比较大，不锋利。另外，刀口在缸边上来回干蹭，还会产

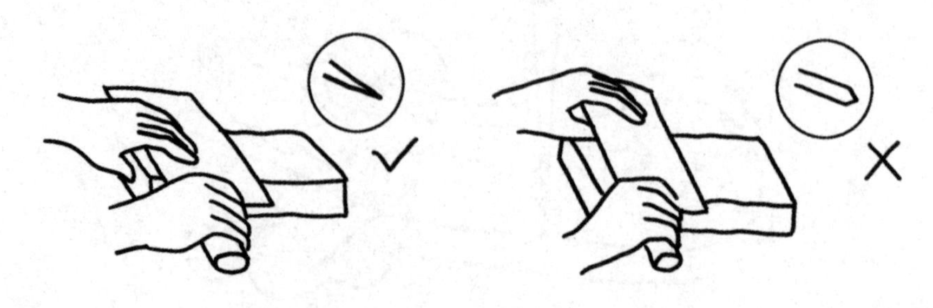

生高热，使刀口上的钢退火，降低刀口的硬度。我磨刀的时候不断向磨刀石上加冷水，就是为了防止刀口因摩擦生热而退火。”

看我磨刀看得津津有味的书戎感叹道：“没想到磨刀还真有诀窍呢！”

“你别看道理简单，磨起来却不那么容易，”说着，我把还没有磨好的刀递给书戎，“来，你现在就实践一下，学会了以后你妈妈就不会再‘麻烦’叔叔了。”

书戎高兴地说了声“好嘞”，就很认真地按照我教的方法磨了起来。

利用阿基米德定律来淘米

书戎把磨好的刀送到厨房以后，他妈妈叫他淘米，准备做饭。淘米以前他先聚精会神地拣了起来，还招呼刘畅帮着一起拣。我问："书戎，你在拣什么啊？"

他不耐烦地说："这米真差劲，里面小石子、稗子多极了，拣也拣不干净，真烦人！"

"嗨，石子、稗子不用拣，用水一淘就淘出来了。"

"怎么个淘法？"书戎猛地站起身，睁大了眼睛问，"难道淘米也有窍门？"

"是的，可以利用阿基米德定律。"

“阿基米德定律说，浸在液体里的物体会受到向上的浮力，浮力的大小等于物体排开的液体的重力。”书戎眯着眼睛背诵道，“可是，它跟淘米有什么关系呢？”

“关系大着哩！”我说，“把大米浸到水里，米粒、稻糠、石子、稗子都要受到水的浮力。由于它们的密度不同，像稻糠、稗子的密度比水小，米粒、石子的密度比水大，所以有的上浮，有的下沉……”

说到这里，书戎明白过来了：“噢，把密度比水小的稗子、稻糠浸到水里，它们所受到的浮力比本身的重力大，所以就浮到水面上，的确可以淘去。”稍停片刻，他又疑惑了起来：“可是，米粒和石子的密度都比水大，它们都沉到了水底，怎么把它们分开呢？”

“只要你肯动脑筋想，办法是有的，就是利用石子和米粒的密度不同。”我接过淘米盆，另外还拿了一个空盆，边淘边说，“石子的密度比米粒大，所以在水里把米粒、石子一起搅动，让它们稍稍浮起以后，一定是石子先沉到盆底，米粒落在石子的上面。假如我一面把淘米盆倾斜，轻轻晃动，一面连米带水慢慢倒入空盆，那么沉到最底下的石子不就留下来了？当然，里面可能混入一些米粒，但是这时候拣起来就省事多了。这样反复几次，就可以把石子清除干净。”不一会儿，我就把米淘好了。

嫂子听了我的淘米法，也觉得新鲜，连连点头说：“这个办法好！我看用它淘小米，就更显出它的优越性了。”

“是啊，很多人淘小米用的就是这个办法。小米里常常混入许多颜色和小米粒差不多的沙粒，小米粒又很小，所以你要把一粒粒沙子拣出来，那可真费牛劲了。要是用这种淘米法反复倒腾几次，保管能够把沙粒剔除得干干净净。”

嫂子听了半开玩笑地说：“敢情物理还真有用，看来我也得学一点才好喽！”

旋转一下巧辨生熟蛋

快要吃午饭了，嫂子让书戎剥熟鸡蛋壳，谁知刘畅却拿了 4 个生蛋混到了熟蛋里。书戎埋怨说：“看你越帮越忙，把生蛋和熟蛋混在一起了！你好好想想，哪 4 个是你拿来的？”

刘畅瞪大了眼睛，把蛋拨来拨去，看看都一样，只好摇头说：“哥哥，我分不出来了。”

正当书戎愁眉不展的时候，我提醒他：“可以利用物理原理把生蛋和熟蛋分开嘛。”

“对！只要把蛋放到亮光里照一下就分开了。”书戎很得意地说，“因为生蛋

的蛋清、蛋黄是液体，光能够透过；而熟蛋的蛋清、蛋黄凝成了固体，光是透不过的。”

说完，他正要用光照的办法去分辨，我把他阻止了：“你能不能想一个更简捷的判别方法呢？”

书戎一下子懵了，摇摇头说：“想不出来，还是请您告诉我吧。”

“可以用旋转的方法！”说着我在桌子上转动每一个蛋，很快就把 4 个生蛋挑了出来。

“我知道啦！”站在一旁看得出神的书戎高兴地说，“转得慢，只转一两圈就停下来的是生蛋。转得快，能够连续转好几圈的是熟蛋。对吗？”

“不错，”我接着问，“可是你能说出其中的科学道理吗？”

“我说不太清，”他不好意思地摇摇头，“很可能和惯性有关系。”

“正是和惯性有关！”我解释说，“熟蛋的蛋清和蛋黄都凝成了固体，所以旋转蛋壳的时候，蛋的各部分都能够一起旋转。但是，生蛋里面的蛋清和蛋黄都是液体，当蛋壳旋转的时候，由于惯性，蛋清和蛋黄不但不能够随着旋转，而且还会对蛋壳的旋转起阻碍作用。”

这时候，书戎故意把生蛋和熟蛋重新混在一起，兴致勃勃地逐个旋转起来，嘴里还喃喃地说：“以后再遇到这种情况，我就可以用这个办法把它们分开了！”

茶壶的秘密知多少

吃完午饭，书戎沏了一壶茶水。我问他：“你知道茶壶上有什么秘密吗？”

他怀疑地说：“茶壶是装水的，不漏就行，还能有什么秘密？”

“有，”我说得很肯定，“而且至少有两个。”

听我这样一说，他就目不转睛地盯住茶壶，仔细端详起来。但是看了好长时间，也没有看出什么名堂来。我提示他：“你先注意一下壶嘴。”

“壶嘴？”他用手指着壶嘴说，“它也没有什么特别的，既不比壶身高一段，

也不矮一截。”

“哈哈，秘密就在这壶嘴和壶身一样高上！”我笑着说，“你还记得吗？茶壶是一个连通器，嘴里的水面和壶身里的水面总是一样高的。倒水的时候把壶一歪，壶嘴比水面低了，水就流出来。假如壶嘴做得比壶身矮，壶里的水就装不满。因为水面一高过壶嘴，水就会从嘴里冒出来……”

书戎终于开窍了，他打断了我的话说：“假如壶嘴比壶身高出一段，壶里的水倒是可以装得满满的，但是倒水的时候就出问题了，把壶一歪，水还没有从壶嘴倒出来，就会从壶盖缝里流出来。”

“现在你再找一找第二个秘密。”

机灵的书戎立刻指着壶盖说：“我看这上面的小孔开得有点儿蹊跷，也许秘密就在这里。”稍停了一会儿，他又迟疑地自言自语：“可是，不开这个小孔，又有什么关系呢？”

“这第二个秘密算是被你蒙对了。没有这个小孔可不行！不信你用手指按住它，再往杯里倒水试试看。”

他一倒水，开始还流得比较顺畅，但是后来越流越少，好像壶嘴被什么东西堵了一样。他把按孔的手一挪开，水又流得顺畅了。他惊奇地说：“真是没有想到，这小孔竟有这样神奇的作用。”

“其实，真正在起作用的是大气压强。”我解释说，“小孔敞开，壶里的空气跟壶外的大气连通，压强相同，一歪壶身，水就在重力作用下从嘴里流出来……”

“我明白了！”书戎抢着说，“小孔堵住了，壶盖又盖得很严密，那么壶里的气体跟壶外的空气就不连通。开始倒水的时候，壶里气体的压强和大气压强相等，水就在重力作用下从嘴里流出来。但是流出了一些水以后，壶里水面上方的空间增大，气体压强减小，和壶外大气压强产生了压强差。就是这个压强差，阻碍着水从壶嘴里流出来。”

“分析得很对，”我补充说，“而且壶里的水装得越满，按住小孔以后出水不畅的现象越显著。因为在这种情况下，壶里气体少，容易造成较大的内外压强差。”

大气压强显神通

说完茶壶盖都必须开孔以后，天真的书戎有点儿埋怨大气压强的存在：“要是大气没有压强多好，壶盖上也不用开小孔了。”

“哎，你这话可就片面了！”我说，“要知道，大气压强是助人为乐的‘模范’，我们从生活到学习都得到了它的不少帮助呢！”

“我怎么没有感受到？”

“你一定喝过汽水吧？你想过没有，为什么把吸管插到汽水瓶里，用嘴一吸，汽水就沿着管子上升到你的嘴里？”

“因为我吸的时候用了力。”

听他回答得这样自信，我明确地告诉他：“假如你不用吸管，而用嘴唇直接含住瓶口，那么你用再大的力气吸，也吸不上汽水来。”

“难道说喝汽水的时候，大气压强真的帮我忙了？”他疑惑不解地问。

“是的，”我解释说，“吸管插进汽水瓶里以后，管子和瓶里的汽水面都跟大气接触，受到一样大小的大气压强。你含着管子轻轻一吸，管里的空气被你吸了一部分出来，剩下的空气变得很稀薄，对汽水面的压强也变小了。这时候管子外的汽水面仍然受到大气压强的作用。正是这管内外出现的压强差，迫使汽水沿着管子上升，流进你的嘴里。其实，不但用吸管吸汽水离不开大气压强，我们用杯子或者碗喝水、喝稀饭等，也都依靠了大气压强的帮助。”

“是，是。”书戎频频点头说，“可是，大气压强和学习又有什么关系呢？”

我反问他：“你钢笔里的墨水是怎样灌进笔胆里去的？”

“对，是大气压强把墨水压进笔胆里的！”真没料到，经我一问，他立刻做出了正确的回答，“吸墨水的时候，总是先按一下簧片，把笔胆压瘪，压出里面的空气；然后放开簧片，笔胆逐渐胀大，由于它里面的空气压强变小，大气压强就把墨水压进了笔胆里。”

“假如没有大气压强，你的钢笔就吸不进墨水了。你看，这不是把大气压强跟学习联系起来了？”

彩色笔为什么能自动出水

书戎一边点头称是，一边问：“叔叔，有一个问题我一直很纳闷：彩色笔的笔头是一根细棍，上面既没有开槽，也不见有流墨水的小孔，写起字来墨水为什么能够源源不断地流出来呢？”接着，他显得很神秘地说：“还有，更令人奇怪的是，彩色笔没有笔胆，只有一根两端开了口的塑料管，里面塞了一个棉线卷，我瞧了半天，也没有看见哪儿装了墨水！”说完，他把一支红色彩笔递给我。

我打开一看，就明白了问题的答案。但是我没有直接作答，只是问：“你知道

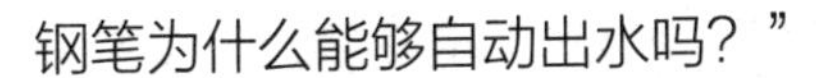

钢笔为什么能够自动出水吗？”

“好像是利用了毛细管的作用。”书戎一边想，一边慢慢地回答说，“把一根很细的玻璃管插到水里，水立刻沿着管子的内壁上升，使管里的水面比管外的水面高出好多。这就是毛细现象。钢笔的自动出水，就应用了毛细现象。我拆过钢笔，看到笔舌上开了好些细槽，笔尖上还有一条细缝，这些槽和缝就是一条条毛细管，笔胆里的墨水正是通过这些毛细管，源源不断地输送到笔尖上。”

“你说得很好！钢笔的出水装置确实是根据毛细原理设计的。”我接着问，“是不是所有毛细管都能用肉眼看见呢？”

“不是！”他很有把握地说，“例如棉布、木材等的纤维里的毛细管，肉眼就看不见。”

“现在就不难揭开彩色笔的奥秘了。”

“对，我知道了！”书戎很激动地说，“彩色笔也是根据毛细原理设计的。棉线卷就是它的笔胆，墨水潜藏在棉线纤维的毛细管里。作为笔头的细棍，里面也充满了毛细管，末端插在棉线卷里。写字的时候，墨水就从棉线卷里的毛细管中输送到笔头上，再通过笔头里的毛细管输送到笔尖上。”

“真是‘世上无难事，只怕有心人’！只要你肯动脑筋，善于运用学过的知识来分析，再难的问题也是能够迎刃而解的。”

刚洗的脚穿袜子太费劲

我接着问了书戎一个关于液体性质的问题："为什么刚洗过的脚不容易穿进袜子？"

他放声大笑，不假思索地说："这个问题太简单了！因为用热水洗脚的时候，脚受了热会膨胀，可是袜子的大小没有变化，所以穿起来要比平时困难。"

听了他的回答，我笑得合不上嘴："假如用冷水洗脚，脚的体积会缩小，洗完脚穿起袜子来就更容易了，对吗？"

书戎摇摇头，知道自己出了洋相，脸也红了。

“你的解释是不对的，”我耐心地说，“用热水洗脚，脚的体积确实会受热膨胀，但是这种膨胀极其微小。人体对于周围的温度有惊人的适应和调节能力，即使洗脚水很热，脚升高的温度最多不会超过2摄氏度。有人估计，在这一升高的温度影响下，脚膨胀的尺寸也就零点几毫米。袜子是有弹性的，脚只增大几根头发粗细的长度，怎么能够对它起阻碍作用呢？而且实践告诉我们，用冷水洗脚，刚洗完同样不容易穿进袜子。”

“那是什么原因呢？”书戎眨巴着眼睛问。

“你一定有这样的经验，穿在脚上的袜子弄湿以后，会紧贴在皮肤上，不容易脱下来。这是因为一方面，水具有表面张力，把袜子疏松的纱线紧缩了；另一方面，水对于脚和袜子都存在一种附着力，把袜子和脚粘连在一起。”

书戎觉得没有解决他的问题：“叔叔，您说的是湿袜子为什么不容易脱下来的道理，可是往脚上穿的袜子是干的啊！”

“其实两者的道理是一样的，”我解释说，“刚洗过的脚，不管用热水还是冷水洗，擦干后皮肤上还是会附着许多看不见的小水滴，当你穿袜子的时候，小水滴渗进袜子的纱线里，产生表面张力和附着力，使袜子像是被‘粘’在脚上一样，所以就不容易穿进去了。”

快慢随心·转变的皮带传动

可能是听到我们谈及穿袜子的缘故，嫂子想起补袜子来了，她打开缝纫机，“嗒嗒嗒”地补了起来。

我问书戎：“你知道缝纫机是怎样传递动力的吗？”

只见他摇了摇头，立刻钻到缝纫机下面，全神贯注地观察起来。过了一会儿，他大声地说：“我看清楚了，原来是通过一根皮带，把脚的蹬力从大轮传到小轮上的。”

“你观察得对，”我接着说，“缝纫机的动力是脚的蹬力。脚用力蹬踏板，踏板

做上下运动，通过拉杆、弯轴使下带轮旋转，然后通过皮带，借助皮带和轮子间的摩擦，把动力传给机头上的上带轮，再带动机器工作。现在你注意看一下，这上下两个轮子的转动速度是不是一样？”

“不一样！”书戎肯定地说，“上带轮的旋转比下带轮快。”

“这说明，缝纫机通过皮带传动，把慢的转动转变成快的转动。物理学告诉我们：大轮的直径是小轮的多少倍，小轮的转速也是大轮的多少倍。例如，下带轮的直径是 30 厘米，转速是 100 转 / 分，上带轮皮带槽的直径是 5 厘米，那么它的转速就是……”

没等我算出答数，书戎就脱口而出：“600 转 / 分。”

“对，是 600 转 / 分。”我重复了一句，接着说，“你别看下带轮好像转得慢吞吞的，通过皮带传送，缝纫机上带轮的最高转速可以达到 1000 转 / 分呢！”

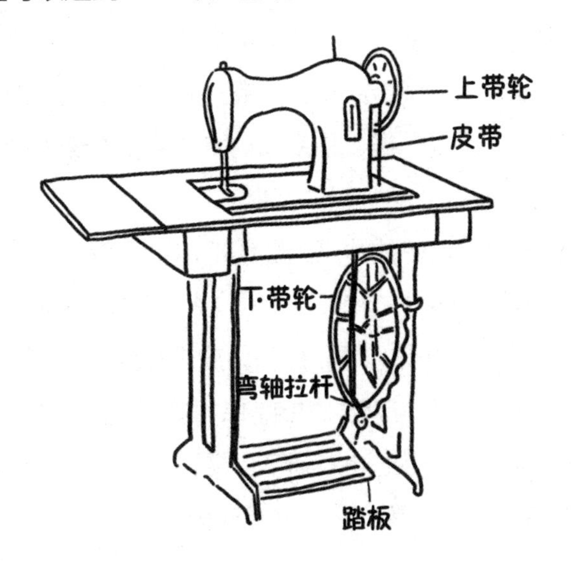

比较善于思索联想的书戎问："皮带传动既然可以把慢转动变成快转动，我想反过来它也一定能够把快转动变成慢转动，对吗？"

"想得好！"我夸奖他说，"洗衣机的动力传递，就属于这种情况。"

书戎只晓得洗衣机的动力来自电动机，从来也没有想过洗衣机里还有皮带传动。为了使他有些感性认识，我放倒洗衣机，打开了底板。他边看边说："小轮装在电动机轴上，通过皮带把动力传给大皮带轮，再带动同轴的拨水盘转动。"

"不错，洗衣机是这样通过皮带传动，把动力从小轮传到大轮，使电动机的快速转动变成拨水盘的比较慢的转动。"我举出数字继续说，"例如某洗衣机的电动机转速是 1500 转 / 分，小轮直径是 6 厘米，大轮直径是 18 厘米，那么拨水盘的转速就是 $1500 \times 6 \div 18 = 500$，也就是 500 转 / 分。在拨水盘的作用下，洗衣桶里的洗涤液就形成旋转涡流，并且自上而下地产生抽吸作用。洗涤液和衣服的这种旋转涡流和上下翻滚，同人工搓揉、捶打一样，是依靠机械作用和洗涤剂的去污能力把衣服洗干净的。"

说也凑巧，这时候嫂子的缝纫机出了毛病，无论她怎样蹬踏板，机器都不转动。我鼓励书戎去检查，没想到他竟一下就看出了毛病："叔叔，您看，是因为皮带在轮子上打滑。"我一看，真是皮带打滑。皮带本来就比较松，加上嫂子刚才给机器加油的时候，不小心把油滴到了上带轮上，所以使皮带和轮子之间的摩擦减小了。我问："书戎你会修理吗？"

“这我会！”他点头说，“只要设法增大皮带和轮子之间的摩擦就行了。办法是把油擦干净，再把皮带紧一紧。”说完，他就动手干了起来，不一会儿，机器又“嗒嗒嗒”地运转开了。

“想不到书戎也会修缝纫机！”嫂子喜形于色地说。接着，她问我：“最近洗衣机洗的衣服稍多一点，就只听到机器响，拨水盘却不转动，莫非也是皮带松了？”

“嗯，多半是这样。”我边说边检查洗衣机的传动皮带，发现固定电动机的螺母松了，造成电动机移动，使皮带松了。于是我把电动机挪回到原来位置，拧紧了固定螺母，对嫂子说：“你的估计完全正确，我已经把它修好了。”

“太好了！”嫂子乐呵呵地说，“书戎，快跟叔叔学一学。”

“这我已经学会了。”书戎得意地说。

我转身对书戎说：“怎么样，物理知识有用吧？过去一般都认为，皮带传动仅仅工厂里才有。可是，随着人民生活水平的提高，现在家庭里也用得多起来了，除缝纫机、洗衣机外，录音机里飞轮的旋转，也应用了皮带传动。”

不弯腿怎么跳不起来

时间不早了，我建议说：“下面我给你出个难题，作为我们今天谈话的‘收官’问题，好吗？”

“好嘞，您快出题吧！”

我先让书戎站到房间中央，然后问：“不许弯腿，你能够跳起来吗？”

“嗨，这算什么难题！”他踌躇满志地说，“没问题，我准能跳起来。”

“那么好，你就试一试。”

只见他直挺挺地站着，好像在使劲，但又使不上劲，显得很难受的样子。几分

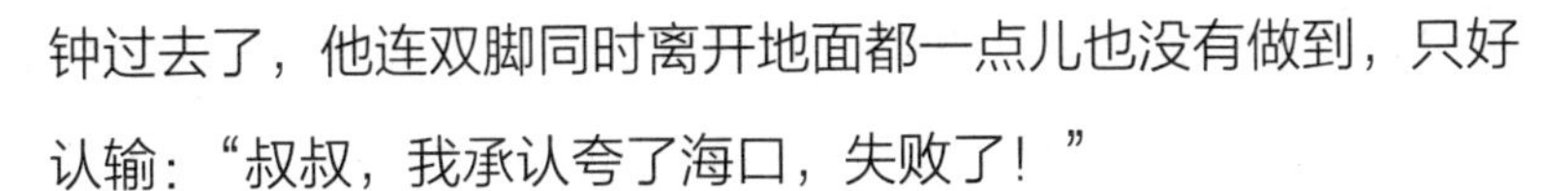

钟过去了，他连双脚同时离开地面都一点儿也没有做到，只好认输：“叔叔，我承认夸了海口，失败了！”

“你知道为什么跳不起来吗？”我问。

他皱着双眉，摇头不语。

“你还记得物体做机械运动必须遵守什么定律吗？”

他说了句“必须遵守牛顿运动定律”以后，陷入了沉思。过了一会儿，他才慢吞吞地说：“对了，想不弯腿跳离地面，是违背牛顿运动定律的。根据牛顿第一运动定律，物体要改变静止或者匀速直线运动状态，必须受到外力的作用。我站在那里要跳起来，也就是从静止变为运动，必须由地面对我施加一个作用力。”

“那么，地面对你的作用力是怎样产生的？”

“根据牛顿第三运动定律，作用力和反作用力是大小相等、方向相反的。所以只要我先对地面施加一个作用力，地面一定会同时‘回敬’我一个大小相等、方向相反的作用力，使我跳离地面。弯腿正是为了调整腿部肌肉，使我在跳的时候能够对地面施加作用力。”

“你分析得不错嘛！”我接着说，“而且，你跳离地面的高度，和你对地面施加的作用力大小是成正比的。你不弯腿，连力都产生不出来，怎么能够跳得起来？”

“原来是我把问题看得太简单了。”

“是啊，实际问题往往都比较复杂，要想做出正确的回答，并且分析得有理有据，非好好开动脑筋不可。你想，上面这个问题乍一听好像很简单，但是要解释清楚，竟用到了两条牛顿运动定律。”

“怪不得您说这是个难题，并且把它作为我们这次谈话的‘收官’问题呢！”

玻璃杯碎片中的力学定律

关于不弯腿跳不起来的谈话，把刘畅也吸引住了。他手里拿着一个玻璃杯，在一旁饶有兴趣地学着跳。就在我们要结束谈话的时候，突然“啪”的一声，玻璃杯掉到水泥地上打碎了。我很生气，狠狠地批评刘畅“太疯了”，他竟哇哇地哭了起来。机灵的书戎也许为了给刘畅解围，连忙问我：“叔叔，您说玻璃杯掉到水泥地上为什么会摔碎呢？”

我火气正大，无心回答书戎的问话，只管一面拣碎玻璃碴儿，一面还喋喋不休地批评刘畅。

“叔叔，您别生气，也不要光批评弟弟了。”书戎继续央求说，“我真的不明白，您就帮我解释一下吧。”

看着他真心诚意的样子，我把刘畅推到一边说：“好吧，我们还是一起来讨论。你真的一点道理都说不上来吗？”

“我曾经想，玻璃杯之所以会摔碎，可能是因为它的质地太脆了。可是再一想，又有疑问了，它要是掉到沙地或者棉絮上，为什么就不会摔碎呢？”

“玻璃质地脆，无疑是容易摔碎的固有原因，但是要完满地解答你的问题，还必须从物理学上去分析，而且至少同两条力学定律有关系。”为了启发书戎思考，我有意稍停了一会儿，然后继续说，“这第一条是机械能守恒定律，就是……”

书戎立刻接过我的话，很熟悉地说：“就是势能和动能可以相互转化，并且在转化的过程中，机械能的总量保持不变。”

“怎样用它来分析杯子掉下时的能量转化情况呢？”

书戎鼓足了勇气分析说：“杯子在刘畅手里的时候，势能最大，动能是零；在向下掉的过程中，势能逐渐减小，动能逐渐增大；当它落到地上的时候，势能全部转化成了动能。”

“嘿，你还分析得蛮清楚的。”我很高兴地夸奖说，“当然，这里没有考虑空气对杯子的阻力。假如杯子的质量 $m=0.2$ 千克，离地面的高度 $h=0.8$ 米，重力加速度 g 近似地算作 10 米 / 秒 ^{2}，那么根据公式 $mgh=\frac{1}{2}mv^2$，就可以求得杯子落地时候的速度 $v=\sqrt{2gh}=\sqrt{2\times10\times0.8}=4$（米 / 秒）。就是说，杯子用 4 米 / 秒的速度和水泥地碰撞。”

书戎说：“噢，因为杯子落地速度比较大，所以撞碎了！”

“的确，假如杯子离地面很近，落地速度很小，那是不会摔碎的。”接着我提醒书戎，“可是，在你提的问题里，杯子落到棉絮或者沙地上的速度也是 4 米 / 秒，为什么就不会摔碎呢？”

“那是因为水泥地硬、棉絮软呗！”

“这是大实话，”我笑着说，“要做科学的分析，就要用牛顿第二运动定律，比较在两种情况下杯子所受撞击力的大小。”

“牛顿第二运动定律不就是 $F = ma$ 吗？”书戎疑惑地说，“用它怎么来比较杯子所受的撞击力的大小呢？”

看书戎面有难色，我和他商量：“由于这里要用到高中才学的物理知识，计算也比较难，所以我只给你做一些定性分析，行吗？”

“好的。”

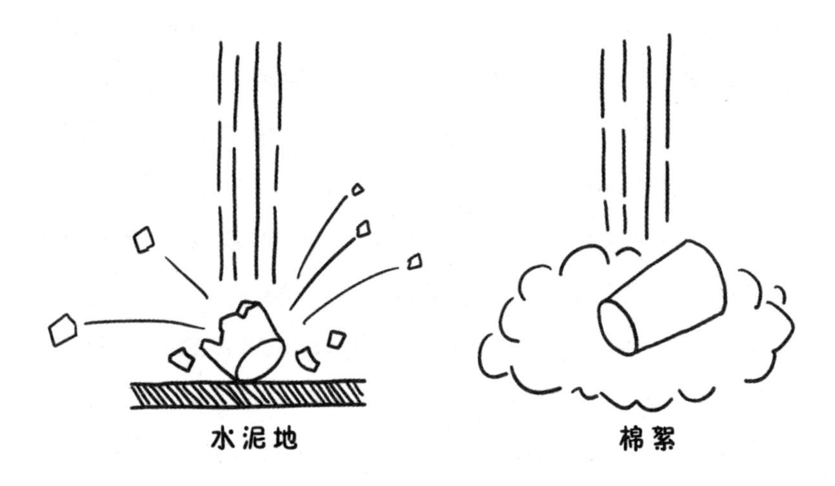

“根据牛顿第二定律可以算出，杯子落地时受到的撞击力大小，跟杯子速度从 4 米 / 秒降到零所用的时间长短有关……”

没等我往下解释，书戎猜测地问：“是时间越短，杯子受到的撞击力越大吗？”

“对的，”我点点头，继续分析说，“撞击力的大小同时间成反比。杯子落在水泥地上，速度从 4 米 / 秒降到零所经历的时间大约是千分之几秒，在这一短时间里，杯子受到的撞击力有几百牛，足以使杯子撞得粉碎。而掉在棉絮上，速度从 4 米 / 秒降到零所经历的时间是十分之几秒，杯子受到的撞击力只有几牛，不到掉在水泥地上的 1%，自然就不会碎了。”

“噢，原来是这样！”书戎惊叹道，“这问题真是够难的，不过现在我总算明白了。”

听他这样一说，我故意考问了他一下说：“刚才讲的道理，你说在日常生活中有用吗？”

“有用，”他想了想说，“体育课上跳远、跳高，总是往松软的沙坑里或者垫子上跳，不就是例子吗？还有，前几天，爸爸给爷爷寄药，在小木盒里塞满了木屑、纸条，就是为了防止药瓶受震动撞碎的。”

“是的，”我补充说，“几乎所有怕撞坏的物品，像电视机、玻璃器皿等，在包装的时候都用泡沫塑料或者瓦楞纸等做衬垫，目的就是一旦发生震动或者撞击，可以延长碰撞时间，减小撞击力，有效地防止撞坏物品。”

“我要谢谢刘畅弟弟，”书戎风趣地笑着说，“是他不小

心打碎杯子，才引出了这个真正的‘收官’问题，使我额外地学到了新的物理知识。”说完，他调皮地向刘畅敬了一个礼，逗得一直噘着嘴的刘畅笑了起来。

要吃晚饭了，我们的谈话也告一段落。求知心切的书戎主动跟我约定，下星期天他去我家，接着谈“我们周围的热学”。

第 2 章
我们周围的热学

星期天一早，书戎就来到我家。我惊讶地问：“书戎，你为啥这么早就来了？”

“叔叔，上个星期天我听您讲‘我们周围的力学’，收获可大啦。您不是答应今天给我讲‘我们周围的热学’吗？我怕来晚了您一天讲不完。”

我让书戎在椅子上坐下，对他说：“讲述‘我们周围的热学’之前，先来了解一下热学的历史。人类对热现象的认识首先源于对火的认识，无论是古代中国还是古代西方，都将火作为构成万物的基础之一，这是人类最早对热的认知。”

“嗯，我听物理老师说，18世纪中叶以后，系统的计温学和量热学的建立，使热现象的研究走上实验科学的道路。从‘热素说’到‘热质说’，一直到热力学三定律，热学作为一门科学越来越成熟。”

“是呀，正是对热学的不断探索，才使我们的世界有了巨大的改观，例如蒸汽机的出现及现在内燃机的广泛应用。”

鸡蛋羹中的热学知识

我知道书戎没有吃早饭，就蒸了个鸡蛋羹，让他吃点馒头。他边吃边咂嘴说："叔叔，您做的蛋羹真嫩，太好吃了！"

我乘机问书戎："你会蒸蛋羹吗？"

他低下头，有点儿不好意思地说："会倒是会，可是我蒸的总是跟蜂窝一样，干皱老涩，不好吃。"

"看来你还是没有真会。要知道，蒸蛋羹除了要用凉开水调蛋液，且要调得合适均匀以外，还要用到热学知识。"

一听要用热学知识，书戎立刻放下馒头，两眼直愣愣地盯住我，恳求说："您

这就给我开讲吧！”

“好，那你就边吃边听吧。蛋液之所以能够凝固变熟，是因为蒸锅里的蒸汽把热量传给了它。每 1 克蒸汽凝结成相同温度的水，要放出 2257 焦的热……”

书戎打断了我的话，急切地问：“叔叔，您说的这个规律不是对谁都一样吗，我为什么就蒸不好呢？”

“你是用什么碗蒸的？”我反问他。

他看看手里端的铝碗，若有所思地说：“我是用瓷碗蒸的，难道……”

“问题就在碗上。各种物质传导热的本领差别很大。假如把陶瓷的传热本领看作 1，那么铁是 60，铝是 195。瓷碗的碗壁传热的本领很差。用瓷碗蒸蛋羹，使蛋液变熟的热量，主要是碗面的水蒸气凝结时候放出来的。由于热是从上向下传的，所以上面熟了，下面还没有熟；等到下面也熟了的时候，上面的蛋羹因为受热过多就变老了。假如你用铁碗或者铝碗来蒸……”

没等我说完，书戎就抢着说：“这样，使蛋液变熟的热量既从上向下传，又通过碗壁向里传，整碗蛋羹几乎同时变熟，就不会出现蒸老的现象了。”

“你说得很对，”我肯定说，“不过，还需要注意掌握好蒸蛋的时间。如果蛋液已经全部凝固，就要立刻关火出锅；继续加热，同样会使嫩蛋羹变得干皱老涩的。”

暖瓶塞为什么会蹦跳

吃完馒头，书戎拿起暖瓶倒了一杯水。“叔叔，这水是刚烧的吧？好烫啊！”

“哪里，是昨天晚上烧的。”

“奇怪，我家的暖瓶灌满开水以后，经过一个晚上怎么就变成温水了呢？”

“这里可就有学问了。”

“这还有什么学问？”书戎笑着说，“暖瓶能够保温的道理，我在物理课上已经学过了。传热有对流、传导和辐射三种方式。暖瓶的特殊构造，把这三条传热的路子都堵住了：瓶塞阻止对流；瓶胆夹层抽成真空，切断了传导；瓶胆壁涂有薄薄的一层

银，挡住了辐射。叔叔，您家的暖瓶保温效果这样好，想必一定是质量特别好吧？”

“不是。你瞧，它也是普普通通的铁壳暖瓶。你可知道，暖瓶保温效果的好坏，跟开水装得满不满有很大关系？”

书戎摇摇头说：“这是什么道理呢？”

“根据实验我们可以知道，水的传热本领要比空气高 20 倍以上。暖瓶里的水装得太满，紧挨着瓶塞，热就会用水做媒介传到瓶外。假如在开水水面和瓶塞之间留出四五厘米高的空间充满蒸汽，热的散发就会慢得多。”

“噢，我每次向暖瓶里灌开水的时候，总是有意灌得满满的，原来这不符合科学。没想到使用暖瓶还真是有学问呢！”书戎的话音刚落，只听得“嘭”的一声，瓶塞蹦到了地上。这已经是第二次了。我冲着他说：“书戎，你怎么连瓶塞都不会盖？”

“不知怎么搞的，”他很懊恼地说，“我在家里也常常碰到这样的事。有时候我急了，把瓶塞用力向下按，可是按得越紧，它像故意和我作对一样，蹦得就越高。难道盖瓶塞也有学问？”

“自然有啦，”我解释说，“当你盖上瓶塞的时候，冷空气会乘机钻进瓶里。它一到瓶里受了热，就要膨胀。但是，瓶塞已经盖严，限制了它自由膨胀，于是它就使劲把瓶塞顶开。你按得越紧，瓶内气体的体积就会被压得越小，因此气体对瓶塞往上顶的力就越大，这样瓶塞也就蹦得越高。”

书戎用心地边听边想。我刚说完瓶塞蹦跳的原因，他就正确地说出了避免蹦跳的方法：“要是在盖瓶塞的时候，先把它放到瓶口，并且留上一点儿缝隙，同时轻轻摇晃暖瓶，使瓶里的热气从缝隙中跑出来一些，然后再盖严瓶塞，它就不会蹦跳了。”

热胀冷缩闯的祸

书戎倒水的时候，先小心翼翼地向玻璃杯里倒了一点，又拿起杯子晃了两下，然后才倒满。我故意问：“书戎，你刚才为什么不一下子就倒满一杯？”

“这是妈妈教我的，我也说不清为什么。”他回忆说，“记得有一年冬天，我把刚烧开的水倒进玻璃杯，没料到刚倒进去，杯子就‘啪嚓’一声爆裂了。我当时想，可能是杯壁太薄，不结实，就换了个杯壁比较厚的，但是一倒水照样爆裂了。我很纳闷，究竟是谁闯的祸呢？”

“你怎么忘啦？这是玻璃热胀冷缩闯

的祸啊！”

从书戎直眉瞪眼的样子，我断定他对这个问题还不明白，就解释说：“在自然界里，绝大多数物体都有热胀冷缩的特性。当你把温度接近 100 摄氏度的开水倒进玻璃杯的时候，杯子的内壁立刻受热膨胀。由于玻璃是热的不良导体，传热本领差，所以在内壁膨胀的瞬间，外壁还是冷的，体积几乎没有发生变化。你看，内壁要向外面扩张，外壁却固守阵地，寸土不让，双方就顶起来。玻璃的质地比较脆，假如内外壁的温度相差很大，顶的结果就是杯壁爆裂了。”

书戎开窍了，说：“噢，向杯里少倒一点儿开水，晃两下，原来是先预热一下杯子，这样，再倒开水的时候内外壁的温度就不至于相差太大，玻璃的热膨胀也就闯不了祸了。”

稍停了一会儿，书戎突然问：“对了，叔叔，有一次我用搪瓷菜盆炒花生米，放到火上不久，就听到噼噼啪啪的声响，仔细一瞧，搪瓷上出现了好些裂纹。我赶紧拿下菜盆，万万没有想到，菜盆凉了以后有的搪瓷还掉了下来。这也是热胀冷缩闯的祸吧？”

“是的。在同样的条件下，不同物质的热胀冷缩程度是不一样的。例如在升高（或者降低）相同温度的情况下，铁就要比搪瓷膨胀（或者收缩）得厉害。你把搪瓷盆直接放到火上干烧，铁一膨胀就会把紧贴着它的搪瓷胀裂。当受冷以后，铁收缩得厉害，搪瓷就和铁分离，甚至剥落下来。”

“有时候并没有发生热胀冷缩，却也闯了祸。例如有一年冬天，我家的一个新砂锅盛满水，盖上盖放到阳台上，第二天一看，水结成了冰，砂锅也裂了。这又是怎么回事呢？”书戎又问。

“这是水结冰的时候膨胀闯的祸。”我回答说，“在自然界里，有少数物质的脾气非同寻常，它们不是热胀冷缩的，而是冷胀热缩的，例如温度在 4 摄氏度以下的水就是这样。0 摄氏度的水结成冰，体积比原来大约要增大 1/10。你想，冰要胀大，砂锅却顽固地阻止它，冰就毫不留情地把砂锅撑裂了。”

听到这里，书戎高兴地说：“看来无论是物质的热胀冷缩还是热缩冷胀，都会闯祸，以后我可要记取教训了。”

“哎，可不能把物质的胀缩特性说得绝对的坏啊，”我补充说，“它也经常在帮我们的忙。就说日常生活里吧，把煮熟的鸡蛋放到冷水里浸一浸，剥起壳来就不会粘上蛋白；把拧不下来的金属瓶盖放到文火上烤一烤，就变得容易拧下来了；等等。这些都是利用了物质的热胀冷缩特性。至于别有风味的冻豆腐，那是利用了 0 摄氏度水的冷胀热缩特性做成的。”

熨烫衣服的科学

谈到这里，我爱人熨烫起衣服来了。她拿起加热的熨斗，用蘸过水的手指摸了摸熨斗的底面，发出“哧哧”的声音。看得出神的书戎急忙关切地问：“婶婶，没有烫坏手指头吧？”

她笑着说：“傻孩子，我正是通过这‘哧哧’声来估计熨斗的温度是不是合适，怎么会烫坏手指头呢？”

书戎惊异地问：“有时候不小心，手被开水烫一下，就会被烫出水泡；熨斗的温度一定比开水的温度高得多，为什么不会烫坏手指呢？”

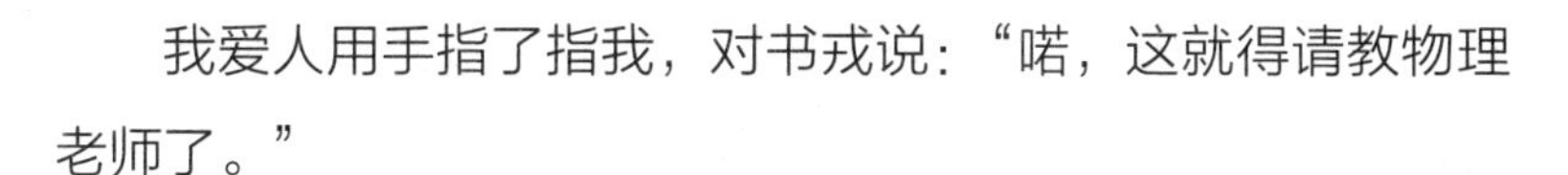

我爱人用手指了指我，对书戎说："喏，这就得请教物理老师了。"

我干咳了一声，清了清嗓子说："书戎，你一定很佩服你婶婶神通广大。其实，是水帮了她的忙。蘸过水的手指触到熨斗底面的时候，水受热立刻汽化，在手指和熨斗底面之间形成薄薄的一层蒸汽。正是这层蒸汽，在很短的时间里起到了隔热保护的作用。要是时间一长，蒸汽层消失，或者事前手指没有蘸水，那么你婶婶的手指就会被熨斗烫糊了。"

我的话引起了一阵欢笑。这时候我爱人已经熨烫了起来。书戎像发现新大陆一样地问："婶婶，我妈妈熨烫的时候总要先朝衣服上喷点水，您怎么不喷呢？"

"我虽然没有喷水，可是也用水了。你听，这'哧哧'的声音不就是水发出的吗？"

书戎看到被熨烫的衣服上面盖了一块湿布，一面点头，一面好奇地问："婶婶，熨烫衣服一定要盖湿布或者喷水，这里面有什么讲究？"

"我就晓得这样熨烫起来省劲，而且衣服熨得平整挺括。至于道理嘛，"她为难地说，"还是请你叔叔来讲吧。"

我刚要说话，书戎插了一句："我想这可能是水蒸气在起作用吧？"

"不错，"我说，"盖湿布或者喷水，为的是使少量的水渗到衣服的纤维里面去。这样，用很热的熨斗一熨，水立刻'哧哧'地汽化，体积一下子增大了好多倍。由于这时候熨斗紧压在上面，水蒸气只能横向扩张，结果就把衣服纤维拉直了。"

我爱人补充说："要是干熨，不但熨不平顺，还可能熨坏衣服呢！"

书戎说："那一定是熨斗太热了。"

我说："要是湿烫，熨斗就是稍微热一点也没有关系，那是因为……"

没等我说下去，书戎就把话接了过去："因为水汽化的时候要吸收汽化热，例如 1 克 100 摄氏度的水变成水蒸气，就要吸收 2257 焦的热量。这样一来，太热的熨斗的温度就会有所降低，不至于烫坏衣服了。"

背后奇怪的冷风

我们的交谈是围着炉子进行的。书戎背向窗户，坐在一个小板凳上。突然他说：“我背后好像总是有一股冷风吹来，是不是窗户没有关严？”

我非常肯定地告诉他：“入冬以后，我就把窗户关严，并且用纸把缝隙都糊住了。”

“那就奇怪了，”书戎一动不动地静坐了一会儿以后坚持说，“确实有冷风，而且还不小哩。”说完，他霍地站起来走到窗前，仔细察看窗户和墙壁，但是没有发现透风的缝隙。他觉得很奇怪，自言自

语地说："那么这风是从哪里来的呢？"我没有解答他的疑问，只是问："你知道什么是风吗？"

"风就是一种空气流动的现象。"

我追问："屋里的空气流动不流动呢？"

书戎又困惑了，一时不知道该怎么回答：想说流动吧，但是讲不出道理；如果说不流动吧，又分明和事实相违背。看着他那副窘样，我提示说："屋里的空气没有安静的时候，它们在不停息地对——流！"说到"对流"两字，我有意拖长声调，加重语气。

受"对流"的启发，书戎豁然开朗了。"噢，这屋里的风就是冷热空气对流形成的，"他滔滔不绝地说，"炉子周围的空气受了热，密度变小，体积膨胀，会向上升到天花板附近，并且沿着天花板流动。靠近窗户的冷空气密度大，会向下沉到地板附近，并且沿着地板争先恐后地向空气密度小的炉子周围流动。流过来的冷空气又受热上升。这种冷热空气的对流，周而复始地循环不息，所以冷风就没完没了地'刮'个不停。"

我纠正说："光说'刮'冷风不全面，屋里同样也'刮'热风，炉子上方的风不就是热的吗？正是有这种冷热对流，炉子、暖气等才能够使整个屋子变得暖和起来。"

"是这样。在家里暖气最热的时候，把一小张薄纸片放到暖气片上方，热风可以把它'刮'到天花板上去。"

"别小看了对流，它在家里可立了大功啦！"我指指烧得很旺的炉子上的烟囱说，"你听这'呼呼'声，不也是空气对流吗？正是因为对流，新鲜空气才能从炉门源源不断地流进炉膛，使煤熊熊燃烧。还有，液体也会发生对流……”

聪明的书戎立刻举例说：“烧开水就是利用了水的对流。”

“是的。可以毫不夸张地说，没有对流，水很难烧开，甚至连饭菜都不容易做熟。”

神秘消失的卫生球

为了找一件呢大衣，我爱人打开了箱子。她拿起呢大衣，从里面掉出两个纸包来。书戎好奇地拣起纸包，打开一看，每个包里有十几颗米粒大小的卫生球。他想："以前我帮妈妈买的卫生球，差不多和自己玩的玻璃球一样大，怎么纸包里的卫生球这样小呢？"于是他就问我："叔叔，您说卫生球为什么变小了，它到哪里去了呢？"

我说："变成气体跑掉了。"

"什么，变成气体跑掉了？"

"是的。要是放的时间再长些，它还

会消失得无影无踪呢！你婶婶一打开箱子，一股浓重的气味直冲你的鼻子，它就是卫生球气体。”

书戎诧异地说：“液体通过蒸发或者沸腾，可以变成气体；卫生球是固体，难道固体也能直接变成气体？”

“是的。”我回答说，“物态变化的知识告诉我们，物质不但可以在固态和液态之间或者在液态和气态之间进行变化，而且也可以直接在固态和气态之间进行变化。例如卫生球，就可以从固体直接变成气体，这种变化过程叫作升华。”

“噢，正是因为卫生球可以直接升华成为气体，充满了箱子、衣柜的每一个角落，所以才能有效地预防虫蛀。”

“你说得很对。”我夸奖了一句，接着问他，“你还能举出生活里常见的升华现象吗？”

他探头看看挂在阳台上的冻得硬邦邦的衣服，满有把握地说：“寒冬腊月，刚洗好的衣服虽然结了冰，也一样能够晾干，就是冰直接升华成蒸汽的结果。”

量体温时出的洋相

刘畅感冒已经两天了，不知道还发不发烧。我拿着体温计问书戎："你会使用它吗？"

他先迟疑了一下，但是转念一想，把它夹在腋下，再读个度数，没什么难的，就鼓起勇气点点头说："会用！"

我把体温计递到他手里，嘱咐说："你去给弟弟量一下体温，看他还烧不烧，我帮你婶婶做午饭去。"

他动作敏捷地把体温计夹在刘畅的腋下，没等两分钟就叫喊起来："叔叔，这个体温计坏了，怎么水银柱不升高啊？"

我接过一看，可不是，水银柱还没有指到 35 摄氏度呢。我告诉他："体温计没有坏，是量的时间太短了。"

他小声地嘀咕："量体温怎么还跟时间有关系？"

"对了，关系可大啦！"我解释说，"体温计是利用水银的热胀冷缩特性制成的。把它夹在腋下，身体就把热量传给水银。随着传递的热量不断增多，水银逐渐膨胀，水银柱慢慢升高。直到水银的温度上升到和体温相同，也就是达到了热平衡时，热量的传递才会停止，水银柱也不再上升。这时候读出的度数才是真正的体温。你大概还记得，达到热平衡是需要一定时间的吧？"

"记得。"书戎点点头，接着问，"那么体温计的水银和身体达到热平衡，大约要多长时间？"

"这就得看把体温计放在身体的什么部位了，像把体温计放在腋下量体温，最少需要 5 分钟时间。你刚才还不到两分钟就急着拿出来读数，水银柱才上升了一丁点儿，当然就没法量出体温了。"

书戎不住地点头，表示已经懂了。他接过体温计，重新夹在刘畅的腋下，同时把闹钟拿到跟前。过了 5 分钟，只见他取出体温计，急急忙忙地看度数。我笑着问他："你干吗这样着急？慢慢地看好了。"

他很认真地说："我怕水银柱会因为水银冷缩而下降，看得慢了度数就不正确了。"

"你真傻！"我憋住笑冲着他说，"体温计的构造和普通温度计是不一样的，它的水银柱不会自动下降。"

听我这么一说，书戎拿着体温计，走到挂在墙上的温度计前面，聚精会神地对比了起来。“嘿，”他高兴地叫出声来，“原来温度计的玻璃管是上下一样粗细的；而体温计的玻璃管，在水银柱和水银球相接的地方做得特别细！”

“秘密就在这里，”我接过他的话说，“这样，当水银球里的水银受热膨胀的时候，膨胀产生的压力使水银挤过这个细窄的地方，再沿着玻璃管上升。当水银受冷收缩的时候，水银柱又会在这个地方断开，并且这里的内径很小，能够阻止水银柱自动下降。”

“怪不得您在递给我体温计以前，用力地把它甩了几下，原来是为了迫使水银冲过这个细窄的关口，回到水银球里去。”

“是的。”我总结说，“总之，体温计的正确用法是先甩几下，然后夹在腋下（也可以含在口腔里），经过 5 分钟左右，再拿出来从从容容地读数。”

书戎兴奋地说：“这回我可真的学会使用体温计了，以后就不会再出‘洋相’喽！”

压力锅的优越性

吃午饭的时候，书戎刚吃了两口米饭就赞不绝口地说：“这米饭松软可口，比我妈做的粳米饭还要好吃。婶婶，您这是用什么米做的？”

我爱人说：“就是用普通籼米做的啊！”

我给书戎夹了两块炖排骨：“你尝尝，这排骨才好吃呢！”他嚼了几口，又啧啧地说开了：“婶婶的手艺真高，把排骨做得肉烂骨酥，味道鲜美……”

我打断了他的话说：“你别一个劲地夸你婶婶，这排骨可是我炖的！”我爱人几乎要笑出声来，把脸转了过去。我有意

提高嗓门说："不过要声明，它之所以好吃，不是因为我的烹饪手艺高。它和你婶婶做的米饭一样，应该归功于先进的炊具。"书戎眼睛睁得圆圆的，愣住了。他回过头去看看饭锅，觉得它确实跟自己家里的锅不一样，就急切地问："叔叔，这是什么锅？"

"压力锅。"我告诉他，"使用这种锅的优越性可大了，不但做出来的饭菜有特殊风味，而且可以节省时间，少用燃料，例如做米饭，要比普通锅节省1/3时间，少用30%左右的燃料。"

我爱人接着说："要是做牛肉，用普通锅既费时又费火，而用压力锅可以省2/3的时间，省一半左右的燃料。"

听到这里，书戎对压力锅产生了浓厚的兴趣："为什么压力锅会有这样的优越性呢？"

"这就和物理学有关系了。"我慢慢地解释说，"要做熟饭菜，必须加热，使它们达到一定的温度。例如炖排骨，先把水烧开，也就是温度达到100摄氏度左右，然后在这一温度下焖一段时间。要是锅里的温度比100摄氏度高得多，炖熟排骨所用的时间就会大大缩短。但是，普通锅做不到这一点。因为水沸腾以后，再给它加热只能够加速汽化，而不可能升高温度。"

"那么，使用压力锅就可以提高锅里的温度了吗？"书戎问。

"是的。"我回答说，"液体的沸点随压强变化的规律告诉我们：压强减小，沸点降低；压强增大，沸点升高。压力锅采用特制的胶圈密封，阻止了锅里的蒸汽向外泄漏，因此在加热过程中锅里的蒸汽压强就会不断增大。家用压力锅的蒸汽压强可以达到 202.65 千帕（2 标准大气压），和这一蒸汽压强对应的水温最高能够达到 120.2 摄氏度。”

“原来压力锅的优越性就在于它的压力大、温度高。”书戎嘀咕了一句。

“不错。其实，我们平时用普通锅做饭菜时总要盖严锅盖，主要目的也是为了尽量增大锅里的蒸汽压，提高温度。不过无论你怎样盖，也远没有压力锅的蒸汽压大、温度高。”

“看来还是压力锅好！”书戎情不自禁地赞叹说，“我回去让家里也买一个。”

我看书戎对压力锅这样感兴趣，并且想让家里也买一个，就指着压力锅一本正经地告诉他：“使用压力锅的时候必须要十分注意安全，要认真检查限压阀的阀座孔是否畅通，尤其是易熔塞上的金属片，绝对不能用其他东西代替，否则，压力锅里的蒸汽压越来越大，将会引起爆炸，造成严重后果。”

骗人上当的排骨汤

桌子上的米饭、炒白菜等都在冒着热气，唯独那盆排骨汤一点儿热气也不冒。书戎断定排骨汤一定不会很烫，舀了一勺就喝。我拦阻不及，他的嘴已经沾到了汤。只听他叫喊了一声“啊，好烫”，接着就本能地用手抚摩着嘴唇。

“烫着了没有？”我关切地边问边走到他身边，发现他的上嘴唇烫红了。

书戎后悔地说：“我上当了！幸亏没有喝进嘴里。”

“要是喝进嘴里，准得烫出一嘴水泡！”我说，“你也太冒失了，不管汤烫不

烫，舀起来就喝！”

“我看它不冒热气，就以为它不烫了。”书戎委屈地说。

“你以为怎么行呢？”我耐着性子对他说，“在任何情况下，水分子都会从水里汽化（蒸发）出来。水的温度越高，汽化的水分子就越多，它们从水里带走的热量也越大。汽化出来的水分子，用肉眼是看不到的！但是它们遇到比较低的温度会液化，凝结成小水滴，这就是我们看到的热气。所以一般来说，在冬天，不冒热气的汤是不会很烫的。但是，像排骨汤一类油性很大的汤就不同了。排骨汤上面有一层油，它能阻挡水分子汽化，使汤里的热量不会很快散失，所以油汤几乎都不冒热气。你光看汤不冒热气就冒冒失失地去喝，难免要受骗上当。我小的时候就曾经被肉汤烫过一次，嘴里还烫出了水泡呢！”

书戎点头说：“吃一堑，长一智。以后再喝油汤，我就有经验了，一定先轻轻吹一吹气，让热气跑掉一些，然后慢慢地喝。”

“喝油汤之所以会上当，全是油在作祟。可是，有时候油也能帮我们的忙。”我问书戎，“你知道‘急火煮不烂肉’的谚语吗？”

他漫不经心地说：“听妈妈说过。”

“那准是你把肉烧糊以后，妈妈对你说的吧？”我笑着猜测说。

“您怎么知道的？”书戎感到很惊讶，回忆说，“是有那么一次，妈妈让我煮肉，我想使肉快一点煮烂，就把火烧得旺旺的。结果事与愿违，水煮干了，肉皮烧糊了，而肉还没有煮烂。妈妈就告诉我：煮肉要用小火，才烂得快。可是直到现在，我仍旧不明白急火不容易把肉煮烂的道理。”

“把你刚才烫嘴的事和煮肉联系起来，答案就不难找到了。”我提醒他说。

他皱了皱眉头，想了一会儿，高兴地说：“噢，我知道了！小火煮肉烂得快，就是肉汤上面的一层油帮了忙。因为用急火煮，只能使锅里的肉汤剧烈翻腾，油被翻挤到锅的四周。水分子大量汽化，几乎消耗和带走了火所提供的全部热量，这时候火烧得再旺，锅里的温度也不会升高，肉当然就不容易烂了。假如用小火煮，不让锅里的肉汤表面出现翻腾现象，覆盖在汤面上的一层油就起到了阻止水分子汽化和热量散失的作用。这样，小火提供的热量，就能够使肉汤的温度慢慢增高，焖在汤里的肉也就比较容易烂了。”

棉袄为什么能保暖

吃完午饭，书戎兴致勃勃地要我继续谈下去。考虑到他今天起得很早，我提议还是休息一会儿。于是他脱了衣服，美美地睡了两个钟头。在他起床穿棉袄的时候，我又把话匣子打开了："书戎，你为什么要穿棉袄？走到室外还要加一件大衣？"

他不假思索地说："为了暖和呗。"

"这样说来，棉袄能够使你暖和了？"

"是的，这是人人都有亲身体会的。要是穿上新棉袄，还可能暖和得身上出汗呢！"

这时候我从墙上取下温度计，连同刘

畅的一件新棉衣一起递给书戎："你就用新棉衣包住温度计，做个实验验证一下。"

他没有做实验，而是顿时恍然大悟地说："我说错了！用不着做实验，夏天卖冰棍的售货员用棉被包住冰棍，冰棍不会融化就已经证明：棉袄只能保暖，不会供热。"

"那么，棉袄为什么能够保暖呢？"我问。

"因为棉絮、棉布都是热的不良导体，它们既能阻挡体热向外散失，也能抵御外界冷气的入侵。"

"还有，"我补充说，"棉絮的隔热保温效果好，棉絮里的空气也立了很大的功劳。松软的新棉絮里包藏着更多的空气，因此它的保温效果更好。人体像一个火炉，不断地散发着热量。假如你穿了保温效果好的衣服，身体表面的热量会越积越多，多到一定数量就会捂出汗来。"

"难怪有人说，穿三件单衣比穿一件三倍单衣厚的衣服暖和。原先我以为这是抬杠，现在看来，它还真有科学根据呢！"

"是啊，穿三件单衣和穿一件三倍单衣厚的衣服相比，等于多穿了两件'空气衣服'，保温效果当然就好喽。"

"对了，叔叔，"书戎进一步问，"我发现大家一般都是夏天穿浅色衣服，冬天穿深色衣服，这有什么道理？"

"热辐射知识告诉我们：表面黑色粗糙的物体善于吸收热、反射热的本领很低；表面白亮光滑的物体善于反射热，吸收热的能力很差。冬天天气冷，谁都希望从外界多得到一些热，所以喜欢穿深色的衣服。相反，夏天天气热，谁都想尽可能使自己凉快一些，所以就喜欢穿浅色的衣服。"

开水、冷水落地声音大不同

这时候炉子上的水壶嘴哧哧地冒着白气。书戎连忙喊道：“婶婶，水开了。”

“你怎么知道水开了？”我故意问。

“是看出来的啊！”书戎指着水壶认真地说，“喏，壶嘴冒气冒得多厉害啊！”

“除了看冒出的气以外，你还知道别的判断方法吗？”

“有，”书戎想了想说，“我时常看到妈妈往地上倒一点水，通过听声音来判断水是不是开了。”

“你会吗？”

“不会，”书戎不好意思地说，“我

只听妈妈讲过，开水落地的声音比较低沉，而冷水落地的声音比较清脆。可是我没有亲自比较过。”

“确实是这样：开水落地时发出低沉的噗噗声，冷水落地时发出清脆的噼啪声。你现在注意听，”我一边说，一边提起开水壶向地上倒了点水，接着又去接了大半杯冷水倒在地上，“这两个声音大不一样吧？”

“是的，”听得非常认真的书戎回答说，“一个是噗噗声，一个是噼啪声。”

“你知道为什么这两个声音不一样吗？”

“这……”书戎眨巴了一会儿眼睛说，“这会不会和水里面有没有空气有关呢？冷水里含有空气，当冷水落地的时候，水和水里的空气一起跟地面碰撞，发出清脆的噼啪声。开水里面的空气都被赶跑了，当开水落地的时候，只有水跟地面相碰撞，就发出低沉的噗噗声。”

“嚯，解释得还挺‘圆满’的！”我笑着说，“可是你想过没有，冷水落地的时候，溶解在水里的空气怎么能特意跑出来跟地面碰撞呢？再说，按照你的说法，冷开水落地的时候也应该发出噗噗声，对吗？”

“是的，”书戎肯定地说，“因为冷开水里没有空气，发出的声音就低沉。”

“好，现在你亲耳听一听。”我随手把桌上的半杯凉开水倒在地上。

“咦，怎么和冷水的声音一样啊？”书戎惊异地说。

“怎么样，你的‘理论’在实验面前不灵了吧？”我开玩

笑说。

“那么声音不一样的原因在哪里呢？”他眼巴巴地望着我问。

“还是让我们先做一个实验吧！”我一边提起半壶开水走到院子里，一边对书戎说，“我们每隔三四分钟向地上倒一次水，你好好注意听每次的声音，再比较一下它们有什么不同。”

倒了第六次水以后，书戎就总结说：“第一次是低沉的噗噗声，以后这声音的调子就逐次升高，变成比较清脆的噼啪声。”

“你听得很仔细。”回到屋里我接着问，“声音为什么会发生这种变化呢？”

“这不是明摆着的，”书戎自信地说，“是由于开水温度降低造成的。”

“你能从物理上来解释这一现象吗？”我见他瞪着眼睛望着我，料他回答不上来，就解释说，“水烧开以后，水分子运动加剧，它的活动能力大大增强。这时候，不仅水面上的分子会快速汽化，而且水内部的分子也急剧汽化，飞出水面。所以在开水的周围，总是有一层浓厚的水汽。当你把开水倒到地上的时候，首先接触地面的是这一层富有一定弹性的水汽，落地的开水就好像落在气垫上一样，自然要发出低沉的噗噗声。冷水的周围没有这层水汽，水落地的时候直接和地面碰撞，发出的声音就比较清脆……”

“噢，”书戎接过我的话说，“当开水温度逐渐降低的时候，水分子的活动能力逐渐减弱，水内部的分子逐渐停止汽化。在这降温的过程中，包在水周围的水汽层就从浓密变得越来越稀薄，直到基本消失。这样，水的落地声也就从噗噗声逐渐地变成清脆的噼啪声。”

“说得很对。别看这个物理现象很多人都知道，甚至试验过，但是不一定能够把它解释清楚。”

哪杯果汁更凉爽

我们的谈话内容从冬天转入夏天。我给书戎讲了这样一件事：“去年盛夏的一天中午，我在形状和大小都相同的两个杯子里倒满了果汁，打算和一位朋友一起喝。但是，那位朋友急着要上街，并且拉我陪他一起去，匆忙中我们谁也没有喝。因为屋里门窗敞开，风比较大，我怕果汁里掉进灰尘，临出门的时候随手给我的那一杯盖上了盖儿。傍晚回家后，我们都很渴，一进屋我端起敞口的那一杯果汁正要喝，朋友过来就抢：‘你喝盖盖儿的那一杯吧，那杯干净。’我说：‘干净的让给你，

这一杯虽然落进了一些灰尘，可是它比较凉。’朋友惊异地问：‘你说什么？’我重复了一遍：‘敞口的这杯果汁比盖盖儿的那杯要凉一些。’朋友直摇头，连声说：‘你别骗我了！’书戎，你说我真的在骗他吗？”

书戎毫不含糊地回答说：“是的！您是在跟他开玩笑。”

我追问：“你有什么根据？”

他不慌不忙地说：“热平衡知识告诉我们，热量总是要从温度高的物体传到温度低的物体，一直到两个物体的温度相同为止。两杯果汁放在同一个房间里，果汁和屋里空气热平衡的结果是它们的温度都和室温相同，所以不能说哪一杯凉。”

我指着放在小柜上的鱼缸说：“照你这样说，鱼缸里的水温和屋里的气温相同喽？”

“应当相同。”

“那好，让我们用温度计测量一下。”

测量的结果是，鱼缸里的水温比室温低 3 摄氏度。

书戎愣住了，瞠目结舌地问：“这……这是怎么回事呢？”我解释说：“这是鱼缸里的水不断蒸发的结果。任何液体蒸发的时候，都要带走大量的热，所以就使水温下降了。”

“噢，叔叔，我明白了！您当时没有骗那位叔叔。因为敞口杯里的果汁不断地在蒸发，而且房间通风良好，蒸发进行得比较快，从果汁里带走了很多热，所以这一杯果汁的温度比室温要低。可是盖盖儿的那一杯，果汁蒸发不出来，所以达到热平衡以后温度不会再降，始终保持和室温相同。因此，两杯果汁比较起来，敞口的确实要比盖盖儿的凉一些。”

“说得对！不过，我说的凉一些是相对的，其实两杯果汁的温度只差两三摄氏度。”

书戎咕哝了一句：“嗨，就差这么一点温度。”

“你可别小看这很少的一点降温，”我认真地说，“在炎热的地区，人们常把水装在不上釉的陶质容器里，水会慢慢地从容器表面渗出蒸发掉，使容器里的水始终保持清凉，成了受人欢迎的饮料。”

难道电扇不能降温吗

我问书戎："今年夏天热得异乎寻常，你家一定用电扇了吧？"

他点点头，深情地说："啊，电扇可好啦！它能够降温防暑，在闷热难熬、汗流浃背的时候，一按电钮，顿时凉风习习，惬意得很。"

"喔，你倒替电扇厂做起广告宣传来了！哎，谁告诉你电扇能够降温来着？"

"就是广告里说的啊！"

"你可知道，这个说法是有问题的，严格地说，它还是错误的！"

"什么，难道电扇不能够降温？"

我找出一把扇子，连同温度计一起递给书戎："你来做个实验。"他做得很认真，先看了一下温度，水银柱指着 22 摄氏度，然后飞快地挥动扇子。扇了两分来钟，他满以为温度已经下降，但是一看，水银柱还是指在 22 摄氏度。他埋怨说："奇怪，扇风不能够降温，广告为什么要骗人？"

"不要着急，"我一边说，一边拿来一块湿布，缠在温度计上，"现在你再扇扇子，看温度有什么变化。"

他扇了十几下，一看温度开始下降，不禁诧异地问："这是怎么回事呢？"

我刚说了句"假如你注意了布是湿的，就……"，他若有所悟地说："嗨，原来这也是水蒸发吸热的结果！"

"对啊！"我接着说，"闷热的夏天，身体里的汗水一个劲地往外淌，由于空气的湿度比较大，特别是在一丝儿风也没有的环境里，汗水很难蒸发掉，我们的身体好像被一层热空气罩住了，就会感到热得难受。电扇一开，加快了空气的流动。这样，一方面可以把包围在皮肤表面的热空气不断地'刮'跑，迫使凉空气流过来补充；另一方面加快了汗水的蒸发，从身体里带走大量的热，使皮肤表面的温度降低，所以我们就感到凉快、舒适。"

“冒汗”的自来水管

谈完蒸发，我把话题转到一种常见的自然现象——露上，问书戎：“你知道露吗？”

他脱口而出：“露就是凝结在地面或靠近地面的物体上的小水珠。在春天的早晨，花草、庄稼和树叶等上面亮晶晶的水珠，都是露。”

“屋里结不结露？”

这下可把他问住了。他想了好半天，试探着问：“露应该是结在露天里的，屋里好像不会结露，对吧？”

“不对！屋里也一样能够结露。”我

语气肯定地说，“例如在夏天，屋里的自来水管表面常常‘冒汗’，这‘汗’就是露；露重的时候，还会滴滴答答地滴个不停呢！”

书戎不解地问：“水管表面滴水现象确实存在。但是，它和花草、树叶上晶莹闪亮的露珠怎么一样呢？”

我反问：“你知道露是怎样形成的吗？”

出乎我的意料，他竟从容地做出了正确的回答：“空气里都含有水蒸气，当水蒸气的含量达到饱和的时候就会液化，凝结成水。空气里能够包含的水蒸气的多少，是随着温度发生变化的。白天气温比较高，空气里包含了一定数量的水蒸气，但是没有达到饱和。夜间，由于太阳下山，大地失去了热量的来源，地面上的物体逐渐冷却，使得接近地面的空气温度逐渐降低；随着气温降低，空气里包含的水蒸气就从不饱和变成饱和，于是就液化，在物体表面结成了露。”

“屋里结露也是这样啊！”我解释说，“屋里的空气中同样含有水蒸气。通常屋里的气温比较高，水蒸气没有饱和，不会液化。自来水的温度比气温低得多，所以当自来水流过水管的时候，水管周围的空气温度随之降低。这时候空气里所含的水蒸气就从不饱和变成饱和，凝结在水管表面。假如原先空气里水蒸气含量比较大，水管温度又比较低，水管表面结成的水滴也就比较多。你说这水滴不是露吗？”

书戎终于转过弯来了，心悦诚服地说：“看来露是可以结在屋里的。除了水管表面，水缸表面、水泥墙壁和青石板地面等上面冒出的‘汗’都是露。”

用电冰箱降室温的蠢事

今天晚上电视台要转播一场国际排球比赛，“球迷”书戎说什么也要赶回家去看。我一看表已经快5点钟了，就问他:“你还有什么问题要问的吗？”

“时间不早了，我只问一个一年多以前遇到的问题。”他回忆说，“去年夏天，我家买了台电冰箱。说明书上说，冰箱蒸发器里的温度在0摄氏度以下，可以用来制冰；冷藏室里的温度也接近0摄氏度。我想，大热天把门窗一关，让电冰箱开着门运转，不就可以用它产生的冷气来降低房间里的温度了吗？”

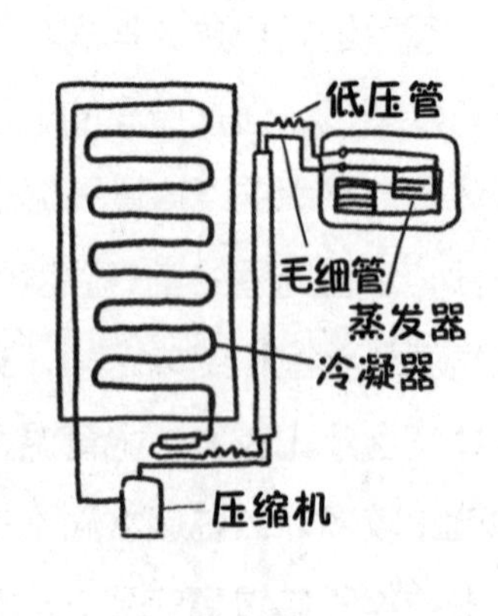

“你试验过了？”

“试过，”他懊丧地说，“有一天下午，天气特别闷热，我和弟弟关上门窗，把电冰箱的门打开，还把温度控制器调到最冷的位置，想用它来降温。但是，冰箱开了近两个钟头，屋里不但没有凉快的感觉，反而变得更加闷热了。这时候爸爸回来了，一进屋就狠狠地批评我们说：‘你们以为这样做可以降温？太不懂事了！这不仅浪费了电，而且得到的不是冷气，而是热流！’我们吓得一声没吭，赶紧关上冰箱门。虽然当时我不明白为什么，但是不敢问，直到今天还是不懂。”

我问他：“你知道家用电冰箱的制冷原理吗？”

他像背书一样地说：“在物理书上，我看到过氨制冷机的工作原理，压缩机把蒸发器里温度比较高的气态氨压入冷凝器的管里，液化成高压的液体。冷凝管里的液态氨通过减压阀，慢慢地进入蒸发器的管里，由于压缩机不断从蒸发管里抽走气体，管里的压强比较低，所以流进来的液态氨很快蒸发，并

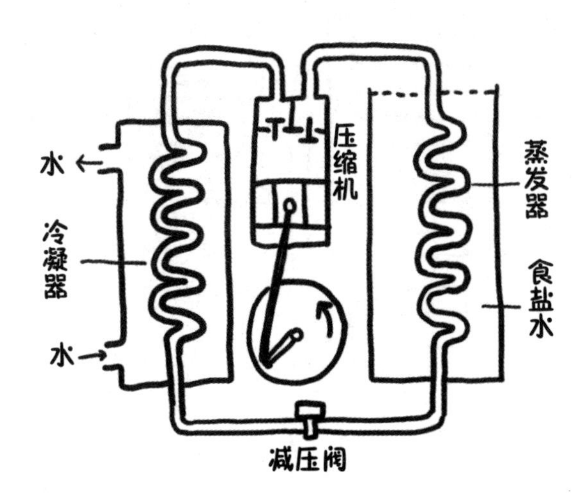

且从蒸发管周围的食盐水里吸取热量，使食盐水的温度降低到 -10 摄氏度左右。这种冷却的食盐水就可以用来制冰、冷藏食品，或者降低夏季屋里的气温。”

“嘿，你还记得挺熟的！”我夸奖说。

“对了，叔叔，我记得那书上还说，要是用来降低室温，也可以不用食盐水做媒介，使空气直接流过蒸发管周围而冷却。我想，电冰箱的制冷原理一定和氨制冷机的工作原理差不多。既然这样，电冰箱为什么不可以用来降低室温呢？”

“不错，电冰箱和氨制冷机的工作原理基本相同。但是，不知道你注意了没有，氨制冷机和电冰箱的冷凝器的冷却方式是不一样的。”

书戎抬头凝视着天花板，思考了一会儿，说：“氨制冷机的冷凝管放在流动的冷水里，通过流水把氨气液化时候放出的热量带走。电冰箱的冷凝管直接曝露在空气中，气体制冷剂（通常是氟利昂）液化时候放出的热量直接传给空气，对吧？”

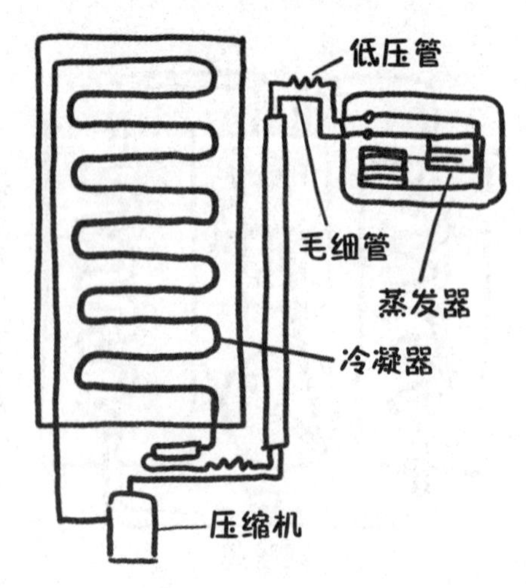

“问题的关键就在这里！”我说，“电冰箱正常工作的时候，气体制冷剂通过压缩、液化，把它从冰箱中吸收的热量释放给冷凝管周围的空气。同时，压缩机是用电动机带动的。在压缩机运转的过程中，消耗的电能一部分直接转变成热，也释放到空气里。可以这样说，冰箱里的低温，是通过消耗电能使冰箱外面的空气升高温度来维持的。”

说到这里，书戎插了一句：“噢，电冰箱之所以必须放置在空气流通的地方，原来是为了保证冷凝器能够正常地散热。”

“是这样。你想，假如把房间的门窗紧闭，并且让冰箱开门运转，那么，只会使冰箱里的空气和屋里的空气形成对流。由于消耗的电能不断地转变成热，冰箱向屋里的空气放出的热量，大于冰箱从冰箱里的空气吸收的热量，所以屋里的气温就不断升高。冰箱运转的时间越长，屋里的气温升得越高。”

书戎听得津津有味，频频点头。也许是由于终于弄明白了积压在心头一年多的问题，他高兴得几乎要跳起来，并且说：“以后我再也不想当然地去干让电冰箱开门运转这类蠢事了。”

这时候我爱人已经端来了晚饭。书戎回家看球心切，端起碗三口两口就吃饱了。临走的时候，他央求着问：“叔叔，再过几天就到元旦了，元旦那天您还给我讲吗？”

“给你讲，元旦接着讲‘我们周围的声学’，”我回答说，“不过，你不用一大早来我这里了，那天我们全家都去你家过元旦。”

他调皮地用英语说了声“Good bye”，就骑上自行车，一溜烟地消失在暮色中了。

第3章
我们周围的声学

元旦这一天，吃过早饭，我们全家一起乘车去哥哥家。车过闹市区，只见大街上张灯结彩，熙熙攘攘。

“叔叔，婶婶，新年好！”书戎早就到汽车站迎候我们了。

我从提包里拿出一本新近出版的书：“给，这是我送你的新年礼物。”

“谢谢叔叔！”书戎接过书，突然担心地问，“叔叔，今天您还给我讲‘包罗万象的物理’吗？”

我回答得很干脆：“为什么不讲？按计划讲声学！”

我一抬头，只见哥哥迎了上来，他说：“今天是什么日子，还讲你们的物理？”

“爸——爸，”书戎撒着娇，恳求说，“我不想玩，叔叔愿意讲，您就让他给我讲吧。”

我这才明白了书戎的担心，笑着说：“只要你愿学、想听，过一会儿我就给你讲！”

“叔叔真好！”说完，他拉着刘畅连蹦带跳地上了楼。

爆竹声中秘密多

进屋以后，刘畅拿出一个没有吹起来的气球玩。“刘畅，哥哥来帮你吹！”书戎说完就接过气球，用嘴使劲地吹起来。看着气球越来越大，刘畅一个劲儿地拍手叫好。突然，“啪”的一声，气球破裂了，急得刘畅哇哇直哭。还是书戎有办法，他对弟弟说:“别哭，哥哥给你放爆竹，砰——啪！可好玩了。”刘畅一听，立刻破涕为笑:“让我放，让我放！”于是，小哥俩拿起两个爆竹走到门外。

我一个箭步跨出门说：“小孩放爆竹危险，弄不好要伤人的。来，我给你们

放。放爆竹也要遵守国家的规章制度，在规定允许的时间和地点燃放才行。”

两声清脆响亮的“砰——啪”声过后，我问书戎：“你知道爆竹为什么会响吗？”

“里面有火药，火药爆炸就会发出巨大的声音呗。”

“气球里没有火药，破裂的时候为什么也有很大的声响呢？”

“因为……”沉默了好一会儿，书戎还是说不下去，只好摇摇头，央求着说，“叔叔，请您告诉我吧。”

“你还记得吗？任何声音都是声源发生振动的结果。”我解释说，“拿爆竹来说，它的肚子里装满了火药，引线点燃火药，火药就急剧燃烧，生成大量的二氧化碳、一氧化碳和氮气。这些气体由于受热，在极短时间里急剧膨胀，体积可以增大到固体火药的 1000 倍以上。纸做的爆竹肚子经受不住膨胀气体的巨大压强，被迅速炸开。在这同时，气体和被炸开的爆竹肚子成了声源，产生急速振动，这些振动通过空气传到我们耳朵

里，我们就听到很大的声响。”

“现在我懂了。气球破裂的声音也是这样产生的，不同的只是引起周围空气振动的是我向里吹的气和破裂的气球。”停了一会儿，书戎疑惑地问，“对了，气球破裂时只听到‘啪’的一声，而爆竹为什么能够响两声呢？”

“能够响两声的爆竹，俗称‘二踢脚’，有特殊的构造。它的肚子分成上下两半，分别装满火药，中间用穿有引线的黏土隔开。第一响是下半部的火药燃烧，底塞被推开，气体以很大的速度从爆竹下部一涌而出，产生‘砰’的声响。冲出来的气体产生强大的反冲作用，把爆竹推向空中。第一响过后，在爆竹飞向空中的同时，穿过黏土的引线在燃烧，当引线烧完，点燃了上半部的火药，就产生大量气体，胀破肚子，引起第二声‘啪’的声响。”

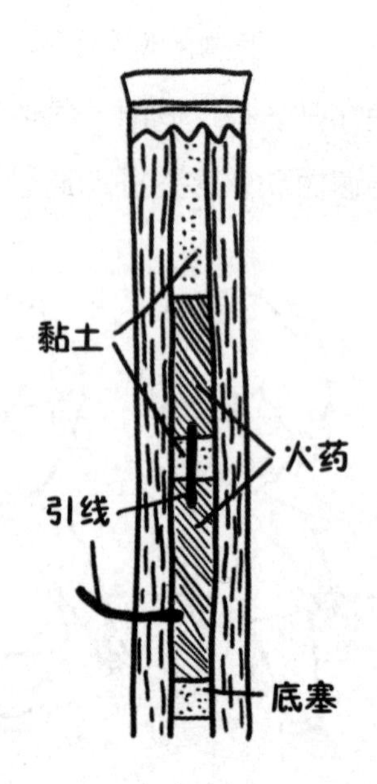

暖瓶满不满可以听出来

水壶里的水开了，书戎拎起水壶向暖瓶里灌。可能他还在回味爆竹问题，没有注意暖瓶快要满了。我提醒他："书戎，快满了！"

"真的满了！"他见我离得比较远，就奇怪地问，"您怎么知道暖瓶要满了？"

"听出来的。"

"什么，听出来的？"他大惑不解地说。

"是的。你没有听见？从开始向暖瓶里灌水到灌满，暖瓶会发出高低不同的声音。"

"声响我倒是听到了，可我从来没有

想过它和水满不满有什么关系。”说完，书戎又拿来一个空暖瓶，慢慢地向里灌水。灌完，他激动地叫喊起来：“我知道了！随着瓶里的水增多，声音越来越高。”接着，他低声地自言自语，“这声音是瓶里的空气振动发出的，可是为什么会有高低变化呢？”

“这就跟声学有关了。声音的高低程度叫作音调，音调是由声源振动的频率决定的。振动频率高，音调就高；振动频率低，声音就低。暖瓶灌水的时候出声，确实是由于瓶里的空气柱发生了振动。空气柱越长，振动频率越低；空气柱越短，振动频率越高。向暖瓶里灌水，随着暖瓶里的水增多，空气柱越来越短，它的振动频率越来越高，所以声音就越来越高。知道了这个规律，就可以听出暖瓶中水的多少了。”

书戎听得频频点头。可能因为他爱好吹笛子，所以立刻从暖瓶联想到笛子，他说：“笛子发声，也是空气柱的振动。用嘴吹气，是激发空气柱振动，发出一定频率的声音。改变手指按的位置，是为了改变空气柱的长度，使它发出高低不同的声音。叔叔，您说对吗？”

“对的！”我补充说，“你把 6 个孔全都按住，笛子里面就形成一条最长的空气柱，这时候吹出的声音音调最低。假如把离吹口最近的一个孔放开，笛子里面的空气柱变得最短，吹出的声音音调最高。不但笛子是这样，所有管乐器之所以能够演奏出各种高低不同的声音，都是改变空气柱长度的结果。”

瓶胆里奇怪的嗡嗡声

“我还有一个关于暖瓶发声的问题，”书戎回忆说，“去年，妈妈买回来一个新暖瓶，我好奇地把耳朵贴到瓶口上一听，好家伙，里面嗡嗡直响。我很纳闷，怎么也想不出这嗡嗡声是从哪里来的。叔叔，请您帮我解开这个谜吧。”

我没有立刻对他解释，只是问：“你知道什么叫声音的共鸣吗？”

“知道。”他点点头说，“两个相隔得比较近、固有频率相同或者接近的物体，只要让其中的一个发声，那么另一个也跟着发声，并且声音的响度会增大，这种现

象就叫作声音的共鸣。”

“你从暖瓶口听到的嗡嗡声，就是瓶胆里的空气柱发生共鸣的结果！”我接着说，“实验告诉我们，把一个发声物体放到容器的口上，当声音的波长等于容器里空气柱长度的 4 倍或者$\frac{4}{3}$、$\frac{4}{5}$等的时候，都可以引起共鸣。我们常用的暖瓶，瓶胆深度大约是 30 厘米。因此，波长是 120 厘米、40 厘米、24 厘米等的声音传到瓶胆里，都会产生共鸣。”

“可是我没有在瓶口放什么发声的物体。”书戎天真地说。

“你怎么这样糊涂呢！”我笑着说，“我们的周围充满着各种波长的声音，只是有的比较响，可以听见，有的比较弱，不容易听见罢了。”

说到这里，书戎明白过来了：“噢，在周围存在的大量波长不同的声音里，总有可以引起瓶胆共鸣的声音。假如声音比较强，经过共鸣就变得更强。就是比较弱的声音，经过共鸣也会得到加强，从听不见的声音变成可以听见的声音。所以，无论什么时候，在空暖瓶口听到的声音总是嗡嗡直响、连绵不绝的。”

“说得很对！”我夸奖说，“其实，除了暖瓶，所有的空容器，像玻璃杯、小瓶子等，都会发生共鸣现象。”

书戎一听，立刻拿起一只玻璃杯放到耳边听了起来，他说：“嘿，真的！玻璃杯里也有嗡嗡声，只是音调好像比暖瓶里的嗡嗡声要高。”

“是这样。你想，容器比较小，里面的空气柱比较短，引

起共鸣的声音的波长就短，所以嗡嗡声的音调当然比暖瓶的高啦。”

这时候哥哥插话了。他是拉二胡的好手，所以说话不离本行：“我那二胡的琴筒也是一个共鸣器。没有它，二胡就不可能发出那样响亮悦耳的声音。”

“对啊！”书戎大声说，“还有琵琶，上面也有共鸣箱。”

“是的，”我进一步说，“利用声音的共鸣现象，可以增强声音的效果，正是从这个意义上，人们有时把共鸣箱叫作助音箱。就拿二胡来说，有了助音箱，当琴弦振动的时候，箱上的琴马、琴皮和箱内的空气柱都跟着做受迫振动而发声；同时，琴弦发出的某些频率的振动，又会引起箱内空气柱的共鸣。因此，二胡可以拉出抑扬顿挫、美妙动听的乐曲。很多乐器，尤其是弦乐器，除了发声部分以外，都配有大小、形状以及材料质地不一的共鸣箱，道理就在这里。”

谁先听到剧场的声音

哥哥打开电视机，招呼大家说：“来，看一会儿迎新相声节目吧！”

书戎响应不快，看样子他对听相声并不很有兴趣，只是由于我把椅子挪到了电视机前面，他才跟了过来。听完一个节目，我试探地问他：“书戎，咱们是继续讨论声学问题，还是看电视？”

“听您的安排。”

“那好，我们就边看边谈。假如你在剧场里看演出，坐在离舞台 17 米远的地方，我和你谁先听到相声？”

书戎脱口而出：“那还用说？当然是

我先听到喽！”

“为什么？”

“因为我离演员近！”

听了书戎理直气壮的回答，我情不自禁地哈哈大笑起来，弄得哥哥他们莫名其妙，因为他们也都认为书戎说得对。我收起笑容，对书戎说：“你的说法完全错了。”

他听了一怔，低下头沉思起来，过了一会儿才鼓起勇气说：“叔叔，我刚才是说错了，应该是您先听到。”

“为什么呢？”

他有板有眼地说：“您听到的声音是通过无线电波传过来的，我听到的声音是演员直接发出的。由于电波的传播速度是 300000000 米 / 秒，比声音在空气中的传播速度 340 米 / 秒快得多，所以我反而比您晚听到演员的声音。”

“假定这里和电视台相距 30 千米，那么我比你要早多长时间听到相声呢？”

“这就要做具体计算了。”他走到自己卧室里，拿起笔唰唰地计算起来。不一会儿他就有了结果，还详细地向我介绍了算式：“电波传到这里所用的时间是 30000 米 ÷300000000 米 / 秒 = 0.0001（秒），我坐在剧场里听到演员的声音所用的时间是 17 米 ÷340 米 / 秒 = 0.05（秒），所以，您比我早 0.05 秒 − 0.0001 秒 = 0.0499（秒）听到相声。”

“算得很对。”我肯定地说，“不要说和电视台相距 30 千米，就是 3000 千米，传递声音的电波所用的时间也只有 0.01 秒，还是比在剧场里的人先听到演员的声音。”

阳台上的土电话

突然，墙角的暖气管“当”的响了一下。书戎立刻走过去，用小铁棍轻轻回敲了两下。我奇怪地问:“你这是在搞什么名堂？”

“这是我们的土电报！”书戎得意洋洋地说，“住在一楼的张宏，是我的好朋友。我们约好，谁做完作业想找个伴儿玩，就先轻轻敲一下暖气管。假如听到一声回敲声，表示对方同意玩；两声回敲声表示不能玩；没有回敲声……”

“说明人不在家。”我笑着接过他的话说，“哎，你们怎么想起来利用这个土电报的？”

书戎滔滔不绝地说："原先我们想找对方玩，总是在阳台上互相大声叫喊。后来，我从一本课外书上看到土电话的制作介绍：用硬纸板糊两个纸筒，一头蒙上牛皮纸，在牛皮纸的中央开个小孔，然后用细线穿过小孔，把两个纸筒连起来，土电话就做成了。打电话的时候，把线绷紧，一头小声讲话，另一头就可以听得十分真切。我们学着做了一个，只是电话线用的是细铜丝，试验的效果很好。从此，我和张宏家的阳台上就装上了土电话。"

"这个土电话现在还在阳台上吗？"我很感兴趣地问。

"在，我们还经常使用呢！但是，"书戎遗憾地说，"土电话有个缺点，只有我俩都在阳台上的时候才能使用。于是，就想到了土电报，利用暖气管替我们传送信号。有时候我们把土电报、土电话结合起来使用，可方便啦！"

我称赞他想得妙，就进一步问："你们是怎样结合使用的？"

书戎乐滋滋地说："要是谁想问什么事，就先轻轻敲三下暖气管，听到对方也回敲三下，我们就到阳台上，由先敲的人通过土电话小声说话。这样一来，再也不用像过去那样大声嚷嚷了。"

"是啊，你们是巧妙地利用了固体的传声本领比空气高得多的特性。"我说，"实验告诉我们，在常温下，声音在空气里的传播速度只有 340 米 / 秒，可是在铁里的传播速度却高达 5000 米 / 秒。铁不但比空气传声快，而且传得远。声音在传播过程中，都会发生衰减。声音在铁里传播，衰减很小。假如传声距离很短，声音几乎没有减小。因此，你用小铁棍轻轻敲暖气管，或者对着话筒低声说话，楼下的张宏能够听得一清二楚。”

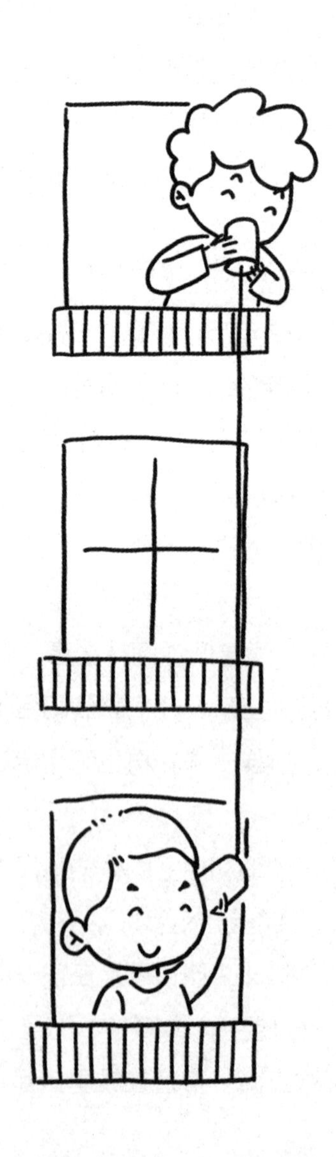

听音识人的“特异功能”

外屋的门一响，我隐约听见哥哥和来客在相互问候。我告诉书戎：“你姑父来了！”

“您怎么知道的？”

“你听，这不是他的声音吗？”

书戎隔着门侧耳一听，连忙跑出去，说了声：“姑父，新年好！”我也走过去跟客人寒暄了几句。

回到屋里，我问书戎：“眼睛能够认人，是由于看到了人的外貌特征；用耳朵也可以辨人，你知道秘密在哪里吗？”

他不以为意地说：“这有什么秘密，

因为每个人发出的声音不一样呗。”

听他说得既轻巧又笼统，我就追问：“你能不能说具体一些，每个人的声音怎么不一样？”

没想到这一问真的把他问住了。我又有启发性地问：“你吹笛子，你爸爸拉胡琴，笛声和胡琴声的音调与响度都相同，为什么一听就可以把两种声音分辨得准确无误呢？”

“噢，我知道了！”书戎恍然大悟地说，“原因就是这两种声音的音色不同。”

“这就对啦！”我说，“通常的声音都是复音，包含了一个频率最低、振幅最大的基音和若干个频率是基音整数倍、振幅比基音小的泛音。一个声音的音调，由基音的频率来决定；而它的音色，却是由泛音的个数、频率和振幅决定的。因此，两个基音相同的声音，只要它们所包含的泛音的个数、频率或者振幅不同，听起来就不一样。例如，基音频率都是 100 赫的钢琴声和黑管声，就分别包含了 15 个和 9 个泛音，而且这些泛音的频率和振幅也各不相同。”

“耳朵辨人的秘密也在于每个人声音的音色各不相同，是吗？”书戎插了一句。

“是的。”我继续说，“人说话的时候，除了由于声带紧张程度不同，会发出不同音色的声音外，鼻腔、胸腔、腹腔等对音色都有影响。对每一个人来说，这些构造不可能完全相同，因此人们的说话声音千差万别，是非常自然的。正因为这样，我们听到熟人说话，只凭声音就能准确地辨认出是谁来了。”

选择音箱时有什么学问

哥哥招呼我们去听偶像的独唱音乐会，他打开音箱，屋里立刻响起优美动听的歌声。我赞叹说：“这音箱的放音效果真棒！”

书戎的姑父赞同说：“可不是！我就是特地来欣赏这玩意儿的。”

听到我们夸音箱好，哥哥用手指指嫂子，半开玩笑地说：“可是，为了买它，我还和她‘斗’了一场呢！”

“是啊，当时我也是站在妈妈一边反对买的，”书戎回忆说，“因为我们想，家里已经有了一个电视机，还要买个大家伙干什么。可是爸爸说：‘你们不懂，音箱的

声音好听。’爸爸终于说服妈妈，买了这台音箱。拿回来一试，果然不假，妈妈听了也乐不可支地说：‘这几百块钱没有白花，它的声音确实比电视机好听。’”

听了一会儿，书戎坐不住了。他低声问我：“叔叔，都是用喇叭放音，为什么音箱的声音就那么好听呢？”

“这又要涉及声学问题了。”我把他拉到一边坐下，问，“你知道喇叭为什么会响吗？”

“知道。”他点头说，“喇叭又叫扬声器，是一种把电能转换成声能的器件。电视机里常用的是电动式喇叭，上面有一个装在磁场里的音圈，音圈和纸盆相连。当有音频电流流过音圈的时候，由于受到磁场的作用，音圈发生振动，并且带动纸盆振动，于是喇叭就发声了。”

“假如接收同一种歌曲，个头儿不同的喇叭放出的声音是不是一样呢？”我问书戎。

他想了一下说：“不一样。好像是个头儿大的喇叭发出的声音听起来比较丰满。”

“不错。”我点头说，“前面我们谈到，一般声音都是复音，歌声和乐曲声更是包含了许许多多不同频率的声音。然而，喇叭由于大小的不同，各种频率引起的振动也不同。通常，口径大的喇叭产生频率低的振动比较容易，口径小的喇叭产生频率高的振动比较容易。因此，大的喇叭发出的声音里，低频声音比较丰富；小的喇叭发出的声音里，高频声音比较丰富。所以，仅仅使用一只喇叭，放出的声音常常会失真，或者遗弃了一部分高音，或者丢掉了一部分低音，或者高、低音都有所丢

失，听起来自然就不那么优美动听了。”

书戎猜测说：“把高音和低音两种喇叭联合起来使用，放音效果一定就好了，对吗？”

“是这样！”我肯定说，“在比较高级的音箱里，一般都装有两个喇叭，有的还装有三个以上呢。你家的这台音箱就装了三个喇叭：一个主要用来播放低频声音，能够清晰地放出几十赫的低音；一个主要用来播放高频声音，能够放出几千赫的高音；第三个主要用来播放中频声音。”

书戎惊叹说：“音箱揽尽了所有频率的声音，怪不得它放出的声音这样美妙丰满！”

“你说它‘揽尽了所有频率的声音’，这也太夸张了！”我纠正说，“有三个或三个以上喇叭的音箱，确实具有很高的保真度。但是，由于音箱本身的质量或多或少会存在一些问题，它重放的声音就不可能和原来的声音完全一样，只是我们的耳朵几乎听不出它有什么失真罢了。”

噪声污染理当严管

在听音乐会的时候，书戎的姑父抽了两支烟，弄得屋子里烟雾腾腾，书戎和刘畅被呛得直咳嗽。我开玩笑地说：“空气污染太严重喽！”建议开一会儿窗户，换换空气。在得到大家的赞同后，我打开了一扇窗户。顿时，一种烦人的声音和冷空气一起直向屋里闯。我问：“这是什么声音？这样吵！”

“是锯木板的声音，”哥哥边说边指给我看，“你瞧，为了多生产家具，满足市场需要，今天家具厂节日加班。”

书戎生气地说：“现在门窗关严了，

声音小多啦，夏天简直吵得人心烦意乱！”

我说：“这种杂乱无章、听了叫人不舒服的声音，在物理学上叫作噪声。它也是一种污染！古代人就很讨厌噪声，例如宋代著名女词人李清照，就写过这样两句诗：‘起来敛衣坐，掩耳厌喧哗。’这‘喧哗’二字，不就是指噪声吗？”

书戎诉苦说：“可不是，我爷爷就是因为听不惯这种噪声，夏天来我家没住几天就气走了。这噪声也影响我的学习，有时候做作业思想都集中不起来。”

“是啊，噪声的危害可厉害啦！”我喝了口水，认真地说，“在物理学里，噪声的强弱通常用分贝数来表示。80分贝的噪声会使人感到吵闹、烦躁；100分贝的噪声会影响人的听力；120分贝的噪声可以使人暂时‘耳聋’；在几米以内听到140分贝以上的噪声，会使人耳聋，甚至可能突然发生脑溢血，或者心脏停止跳动。有人做过调查研究，长期生活在85到90分贝噪声下的人会患噪声病，出现头昏脑胀、睡眠多梦、全身乏力、食欲不好、记忆减退等症状。所以有人称噪声是无形的毒药。我们国家还把噪声列为环境公害之首，想方设法加以防治。”

听了我这一番话，书戎心情紧张地问：“叔叔，您说这锯木板的噪声有多少分贝？”

“这儿离锯板机有一段距离，又是五楼，我估计门窗大开的时候噪声有七八十分贝。一年到头生活在这样的环境里确实够呛。”我接着关切地问哥哥，“你们没有给工厂提意见，请他们采取些措施？”

“怎么没有？”哥哥气儿很粗地说，“附近居民联名写了几次信都不顶用。工厂总是推三阻四地说，一来生产任务紧，二来技术力量弱，防治噪声搞不了。你说气人不气人！”

“这类问题不只是家具厂有，”我劝解说，“其实，防治噪声并不是那么难的。像锯板机，只要在上面安装一个消声设备，或者在机房四周装上良好的吸音材料就行了。”

书戎高兴地说：“叔叔，那您就给家具厂搞一个防治噪声的设计方案，他们准欢迎。如果搞成功了，我们这里的居民也会对您感激不尽的。”

我答应说：“过几天我倒是可以给工厂提个具体建议。书戎，到时候咱俩一块儿去工厂，好吗？”

“好，我一定陪您去，厂长还认识我哩！”书戎乐不可支地说。

这时候，嫂子冲着我们说：“你们还没完没了地谈物理？今天晚上我要举行‘新年家宴’，东西都已经备好，收拾、掌勺要请大家一起动手，来一个各显神通。”

我连忙说：“我们这就结束谈话，嫂子，你快给我们分配‘任务’吧！”

书戎急了：“那什么时候再谈啊？”

“不要急嘛，”我安慰他说，“明天还休息，咱们接着谈

不行吗？”

“对，明天让叔叔再来给你讲一天，现在你快干活吧！”嫂子说完，端出一盆用水浸泡过的木耳，让书戎和我一起择。其他的人，她也都分配了“任务”。哥哥又打开音箱，我们就一边干活，一边欣赏着立体声音乐。

第 4 章
我们周围的电学

元月二日，我 8 点钟就来到书戎家，书戎非常高兴地说：“叔叔真守信用。”

我开玩笑说：“今天讲电学，内容多，来晚了讲不完，你又要噘嘴哭鼻子喽！”

“我才不哭鼻子呢！”书戎说着把我拉到他的卧室里，我们就打开了话匣子。

我对书戎说：“在人们的生产劳动和日常生活中，每天都要和‘电’打交道。电流通过电灯，发出了明亮的光；在电视机的荧光屏上，‘电’把剧场中精彩演出的实况显示在我们面前；在钢铁厂里，电流通过炼钢炉发出很高的热量，熔炼着金属；无轨电车满载着乘客，行驶在繁华的大街上……”

书戎打断我的话，急切地问：“我们和电的关系是这么密切，电又是这样的神通广大，那么，‘电’到底是什么呢？它是怎样得来的呢？怎样才能使它更好地为我们服务呢？”

“别着急，下面就让我们来揭开‘电’的秘密。”

人身上的电闪雷鸣

我先问书戎：“你知道雷电现象是怎么一回事吗？”

“知道。”他点点头说，“那是天空中带异种电荷的云块之间，或者云块和地面上的物体之间发生的一种大规模的放电现象。放电所激起的空气强烈振动，就是震耳欲聋的雷声；发出的耀眼的亮光，就是划破长空的闪电。”说到这里，他突然停住了，奇怪地问，“雷电现象既不发生在冬天，更不出现在家里，您怎么一开头就问这个呢？”

“怎么啦，你觉得我跑题了？”

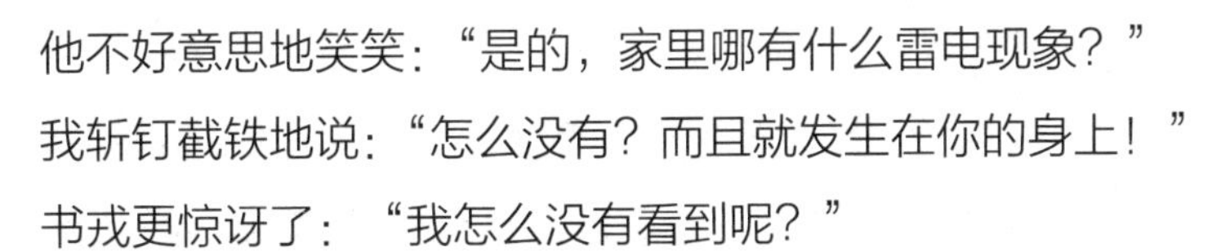

他不好意思地笑笑：“是的，家里哪有什么雷电现象？”

我斩钉截铁地说：“怎么没有？而且就发生在你的身上！”

书戎更惊讶了：“我怎么没有看到呢？”

“那只是你没有注意罢了。你想一想，当你从身上脱下毛衣，在毛衣擦过干净的头发的时候，你听到过噼噼啪啪的声响没有？”

“哦，听到过。”他恍然大悟，说，“那是毛衣和头发摩擦所产生的正负电荷发生放电的结果。”

这时候，正在外屋做针线活的嫂子插了一句：“我用塑料梳子梳干净的头发，也经常可以听到噼里啪啦的声音。”

“是啊，这噼里啪啦的声音不就是雷声吗！要是在没有灯光的夜里，还能够看到许多小火花呢，这就是闪电。”

书戎信服地说：“人身上确实有电闪雷鸣。晚上关了灯脱腈纶套衫的时候，要是里面穿着涤纶衬衣，就可以在听到噼噼啪啪声响的同时，看到星星点点的白光。”停了一会儿，他又问：“叔叔，我从一本书上看到，发生雷电现象的时候，雷电电压高达几十万伏以上。那么，发生在人身上的雷电电压有多高呢？”

“少说也得有上万伏。科学研究指出，要使两个相隔 1 厘米的带电体发生火花放电，它们之间的电压必须达到 3 万伏。腈纶套衫和涤纶衬衣、梳子和头发之间的距离，至少有几毫米，因此，没有上万伏的电压，它们是发生不了火花放电的。经过测定知道，纯涤纶织物放电的时候，电压高达 5 万多伏。”

书戎惊异地问：“摩擦起电的电压这样高，为什么它不能电伤人呢？”

“那是因为摩擦起电的电量太小，形不成比较强的持续电流。要是它能电伤人，谁还敢用塑料梳子梳头，谁还敢穿毛衣和涤纶衣服？不过，在有易燃易爆物体的场所，人身上产生的‘闪电’有可能引起火灾或者爆炸，这倒是需要高度警惕的。”

电的“向导”和“卫兵”

我拿着一段电线问：“书戎你能说出电线的构造吗？”

“能！”他胸有成竹地指着电线说，“这外面是棉编织物，里面是橡胶，中间裹着的是铜丝。”

“对，常用的电线在铜丝或者铝丝外面，都穿有一层或者几层‘衣服’。当把电线接到电路上的时候，电流就乖乖地沿着金属丝流动，金属丝外面的‘衣服’能够阻挡电流向别的物体上跑。在物理学里，把能够传电的物体叫作导体，把不能传电的物体叫作绝缘体。有人形象地把导体和

绝缘体分别比作电的‘向导’和‘卫兵’，我看是很贴切的。”

书戎拍着手说：“这个比喻太妙了！凡是金属的物体都可以做电的‘向导’，对吗？”

“对的。金属里面包含有大量的自由电子，所以具有很强的传电能力，引导电流从自己身上通过。不过，各种金属的传电本领也是有差别的，例如银的传电本领比铜高，铜比铝高，而铝又比铁高，等等。所以家里常用的电线，几乎都用铜或者铝做成。”

“哪些物体可以做电的‘卫兵’呢？”

“这就多啦。在家里，像干燥的木头、竹子、陶瓷、棉布、塑料、橡胶、玻璃等，它们几乎没有什么自由电子，所以传电能力极差，都可以担任电的‘卫兵’。非常奇妙的是，在所有电器上，‘向导’‘卫兵’总是形影不离的：一个导电，一个绝缘，缺一不可。”

书戎又问：“水是电的‘向导’还是‘卫兵’呢？”

“这需要做具体分析，”我说，“非常纯净的水，如蒸馏水，它不能够传电，是电的忠实‘卫兵’，但是，普通的水里含有大量的杂质，就成了电的好‘向导’了。”

“噢，我想起来了，”书戎回忆说，“有一次，我妈妈用洗衣机的时候，由于洗衣机跑电，她一把手伸到洗衣桶的水里，就被电打了一下，原来这电就是通过水传来的。含有杂质的水是电的‘向导’，怪不得您刚才说到绝缘体的时候，特别强调了‘干燥’两个字。”

“是的，任何绝缘体一沾上水或者潮湿了，立刻就会从‘卫兵’变成‘向导’。像干布是不传电的，但是湿布的传电本领就高啦。有人不懂得这个道理，用湿抹布去擦开关、插座、灯头等电器，这是很危险的，弄不好就会触电。”

听到这里，书戎一面点头，一面自言自语：“导体和绝缘体分别是电的‘向导’和‘卫兵’，有没有既不算‘向导’也不算‘卫兵’的物体呢？”

“有啊，”我说，“半导体不就是导电本领介于导体和绝缘体之间的物体吗？半导体的用处可大了，它可以做成各种各样的晶体管。家里的收音机、录音机和电视机里都少不了晶体管。就是在半导体收音机的外接电源里，也还用到了晶体二极管和三极管呢！”

书戎赞叹说：“真没想到，在电的世界里，导体、绝缘体和半导体竟是缺一不可，各有妙用！”

人为什么会触电

“刚才我说到过触电，你知道触电是怎么回事吗？”

书戎很轻巧地回答说：“触电，顾名思义，就是人接触到电，电从身体上流过呗。”

我从手电筒里取出一节电池，用两只手分别按住它的锌皮和铜头，问书戎：“现在我触电了吗？”

书戎哈哈大笑说：“叔叔，您真会开玩笑，谁说过这也叫触电了？”

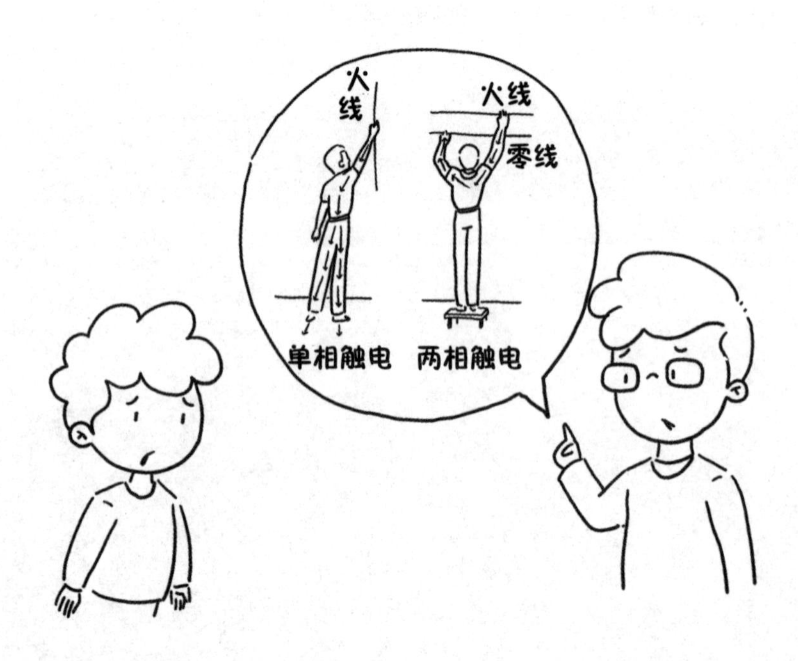

我十分认真地说：“为什么不叫，难道这时候没有电流过我的身体？”

他稍想了一下说：“是有电流通过您的身体，可是电池的电压只有 1.5 伏，通过您身体的电流微乎其微，对身体毫无影响，所以就不能说您触电了。”

“可见，你刚才那‘顾名思义’的说法有问题。触电的时候一定有电流通过人体，但是反过来，有电流通过人体，并不是都会发生触电事故。你可知道，微弱的电流通过人体，不仅无害，反而有益？例如医学上的电疗法，就是让一两百微安的电流通过人体，刺激某些部位来治病的……”

书戎迫不及待地打断了我的话，改正说：“对了，应该说有比较强的电流通过人体，才会引起触电。”

“这就对喽。一般来说，通过人体的电流不超过 10 毫安时，虽然也会引起一点麻或者痛的感觉，但是不至于发生触电事故。可是当电流超过 20 毫安的时候，就会发生触电事故。这时候，人的神经发生麻痹，肌肉剧烈收缩，自己无法摆脱电源，并且呼吸困难，没有人相救，就有生命危险。假如电流达到 100 毫安，只要极短的时间就会使人呼吸停止，心脏停跳，造成死亡的悲剧。”

“那么人接触到多高的电压就会触电呢？”书戎有点儿紧张地问。

“这很难说。根据欧姆定律，通过人体的电流的大小，一方面同电压的高低有关，另一方面还和电阻的大小有关，也就是和人的皮肤干湿程度有关。电压一定，皮肤湿，电阻小，电流就大。大量的实践经验证明，不管什么人接触到36伏以下的电压，都不会触电。所以，人们把36伏规定为安全电压。通常家庭用电的电压都是220伏，远远高出安全电压，如果不注意就会触电。”

“真没有料到，”哥哥一直在认真地听我们谈话，这时候他插话说，“去年夏天，楼下小赵自己拉电线安电扇，就触电了。当时，他一手紧攥着电线，跌倒在地上，都快不省人事了。家里的人急得直大叫，不知道该怎么办。幸亏隔壁的李老师懂得电的知识，过去拉开了电闸，小赵才得救了。”

“叔叔，赵叔叔准是攥住火线了，对吗？”

“是的，这是最常见的一种触电情况，叫作单相触电。火线和大地之间有220伏的电压。人站在地上，一手接触火线，

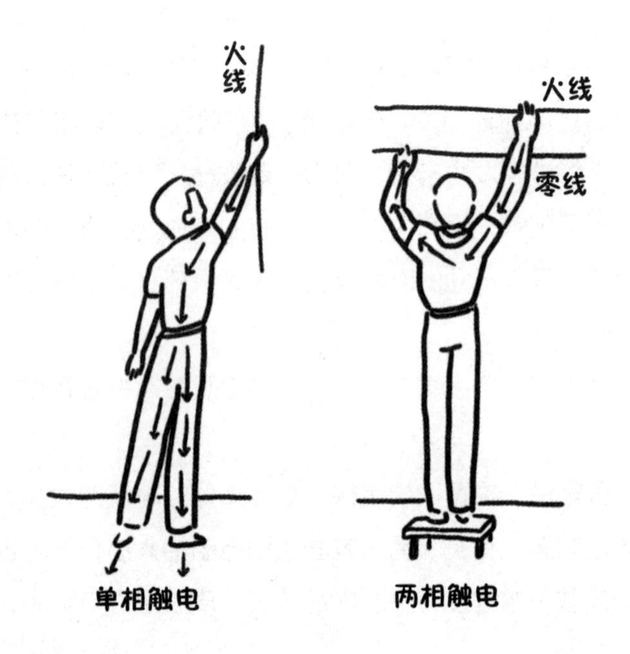

就会有很大的电流通过身体。”

书戎惋惜地说：“要是赵叔叔脚底下有绝缘物体就好了！”

“站在绝缘物体上，是可以避免单相触电的，但是，决不能因此说保证不会触电了。例如，当两只手分别接触到同一电源的两相带电体的时候，照样有很大的电流通过身体，造成伤亡。这叫作两相触电。”

书戎说：“管它是单相触电还是两相触电，反正只要不让身体和电接触，电再厉害也伤害不了人。”

“说得在理。为了防止触电，我们在日常生活中必须提高警惕，切实注意安全用电。”

接好地线保障安全

“前面你说到洗衣机漏电，后来是怎样解决的？”我问书戎。

“因为保修期没有过，就请售后的师傅来检查。可是，师傅插上插头，用试电笔查了半天，也没有发现漏电。他说，机器没有毛病。使用的时候跑电，可能是电源开关接线的地方沾上水了……”

我打断了书戎的话：“你家的洗衣机上没有接地线吗？”

“师傅当时也这么问，一下子就把我问懵了。我很难为情地问师傅：‘地线接在哪儿啊？’他没有吱声，只看了一眼电

源插座，自言自语地说：‘果真没有接地线，这三孔插座的一个孔空着呢！’接着他耐心地告诉我，插座的这个孔就是接保护地线的。接地线的方法很简单，只要用电线把这个孔的接线柱和自来水管子连接起来就行了。”

“是啊，”我说，“自来水管的电阻率很小，又埋在比较深的地下，确实是很理想的自然接地体。接上了地线，好比给洗衣机系上一根‘安全带’，起到保护作用。有了地线，一旦洗衣机漏电，电流马上通过接地线直接导入地下，这时候就是接触洗衣机也不会有什么危险。”

书戎说：“师傅也讲了这些道理，我全懂了。我自告奋勇地请求说：‘师傅，这根地线待会儿我来接吧。’他知道我是中学生，加上他还要到别的人家去修理，就高兴地答应了。临走的时候他又嘱咐了一句：‘一定要接好地线！’”

“师傅一走，你很快就接好地线啦？”我问。

“嗯。”书戎内疚地点点头，“但是，一插上插头又出事了……”

“这回可危险啦！”哥哥站起身来走到我跟前，心有余悸地说，“我一摸洗衣机，立刻全身麻痛，摔倒在地上，差点儿被电死！”

“怎么回事？”我惊讶地问。

“唉，是我自作聪明闯的祸！”书戎叹着气回忆说，“在接地线的时候，我想：电源线里就有一根零线，何必多此一举用电线和自来水管连接呢，把插座里的零线插孔和保护接地插孔连接起来不就行了吗？于是我就先用试电笔把插座里的火线和零线分开，再用一段导线把零线插孔和保护接地插孔的接线柱连了起来。出事以后，我爸把楼下的李老师叫来了，他打开插座盖一看……”

我插了一句：“发现零线和插座上的接线柱断开了？”

“是的。”书戎继续说，“李老师就帮我们接好地线，以后再也没有出过问题。他还告诉我：‘你的这种接地法是不正确的！’叔叔，我现在还不大明白，它究竟错在哪里？”

“你的这种看起来省事的接地法，就错在万一零线断开了，当插头插入的时候，电源火线通过洗衣机的内电路和插座里的零线插孔相连，又通过你接的导线和保护接地插孔相连，即使洗衣机不漏电，它的外壳也一定带电，很容易造成触电事故。要知道，这样做所引起的危险，甚至比让保护接地插孔空着不接还大！”

书戎这才恍然大悟：“噢，是这样！”

我很郑重地说：“接地线这样的事，千万不能想当然，一定要照科学办事。”接着我察看了他家的几个三孔插座，发现都接好了地线，就点头说：“这样做很对。为了安全，除洗衣机以外，电扇、电冰箱、电熨斗等家用电器一般也都要求用三孔插座，接好地线。”

“要是家里没有自来水管这样的自然接地体，怎样接地线呢？”书戎问。

“这时候可以用钢管、角铁等金属材料，截成适当长度，打到两米多深的地下作为辅助接地体。”最后我又一次加重语气强调说，“总之，对一些有可能发生漏电、容易引起触电事故的家用电器，一定要接好地线，来不得半点儿马虎！”

关于电灯的小知识

“我提议现在咱们来谈谈电灯，好吗？”

“电灯？”书戎踌躇满志地说，“这方面的知识我掌握得比较好，阳台上的那盏电灯就是我拉线装的。叔叔，不信您提几个问题考考我。”

“好，我先问你：电灯为什么会发光？”

“因为电流通过灯丝会产生热效应，当灯丝的温度上升到 1700 摄氏度以上，达到白炽状态的时候就发出很亮的光。”

“为什么同样是电灯，有的非常明亮，有的却不大亮呢？”

“因为灯泡的电功率不一样，电功率是 100 瓦的就比 15 瓦的亮得多。”

“它们在构造上有什么不同？”

“没有根本区别，只是 100 瓦的灯丝比 15 瓦的粗些短些。电功率等于电流和电压的乘积。假如电压都是 220 伏，那么，灯丝粗而短的电阻小，通过的电流就大，电功率也大；相反，灯丝细而长的电阻大，通过的电流就小，电功率也小。有时候设法把烧断的灯丝重新搭上，灯泡发出的光比没有烧断以前更明亮，就是因为断丝重新搭接以后，灯丝长度比原来短了，电阻比原来小，通过的电流增大，电功率也随着变大了……”

我看书戎滔滔不绝地回答得很熟练，就打断他的话说：“好，这第一道题得了满分。下面再考第二道题：家里的电灯都采用哪一种连接方法？”

“并联！”书戎喜形于色地回答说，“就是把每盏电灯的一个头都接到火线上，另一个头都接到零线上。”

“串联行吗？”

“不行。”没等我追问，他解释说，“串联电路两头的总电压等于电路里各个用电器电压的和。假如把两盏 40 瓦的电灯串联起来，接到 220 伏的电路上，每盏电灯两头的电压就只有 110 伏了。由于这个电压比电灯的额定电压小了一半，所以电灯就不能正常发光。”

我说：“即使电灯能够正常发光，串联也还有问题。”

“是的，”书戎继续说，“在串联电路里，只要有一盏灯灭了，其余的灯会跟着一起熄灭。而在并联电路里，各盏灯的电路是独立的，不会因为一盏灯熄灭而影响其余的灯。”

“好，第二个问题又得了满分。现在就看最后一个问题回答得怎么样了。”说完我站起身，走到阳台上。

书戎也跟了过来，急切地问：“叔叔，您怎么不考我了？”

“这就考！”我指着他安装的电灯，“这两根线哪一根是火线？”

他摇摇头说：“没有量过，不知道。”

我拿试电笔先量了一下拉线开关的接线柱，然后问：“你说这时候电灯的灯头上带不带电？”

“不带，因为开关拉开了。”

我让他用试电笔量一下。试电笔刚触到灯泡的螺旋，他惊异地叫起来：“奇怪，怎么连这儿也有电！”

“哈哈，这第三个问题你是不及格了！”我笑着说，“在装电灯的时候，你犯了一个严重的错误，火线没有通过开关就直接进了灯头。要知道，这是很危险的。万一人的手摸到带电的灯头，就会发生触电事故。”

书戎一面点头称是，一面拉开电闸，拿起改锥、钳子，很快把火线接进了开关。他喜滋滋地说：“现在灯头上不带电了，不会再有什么危险了。”

我拧开灯头盖子看了一下，摇摇头说：“这样未必就平安无事了。”

“为什么？”

“你想想，对于螺口灯头，接火线、零线的时候要注意些什么？”

“噢，应该把火线接在跟灯头的中心铜片相连的接线柱上，零线接在跟螺丝套相连的接线柱上。”他检查了自己接的灯头，惭愧地说，“我刚好接反了。”

“这同样是危险的！”我说，“火线、零线接反了，一开灯，螺丝口就处于带电状态。假如你换灯泡或者因其他原因去摸灯头，一接触到螺丝口，不就会触电了吗？你看，我下面画出的几种接法，只有最右边的一种才是正确的。”

书戎立刻把接反的火线、零线对换了一下，对我说：“现在正确了吧？”

“是的。”我点头说，“你看，电灯的问题不简单吧？你在理论上可以得满分，但是一联系到实际，就不及格了！”

书戎很痛快地承认：“您说得对。要不然我怎么会缠住您不放呢！”

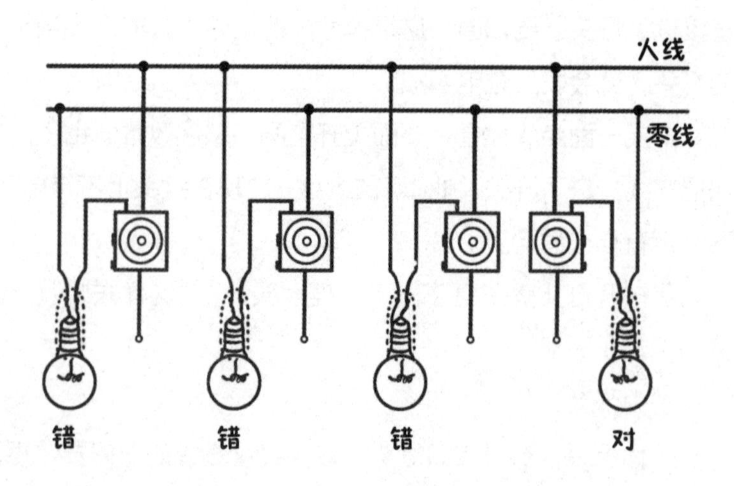

趣谈日光灯问题

书戎家里除了厨房和阳台以外，装的都是日光灯，所以我们谈完电灯，很自然就把话题转到日光灯上来。书戎先问："电灯亮了以后，过一会儿灯泡表面热得烫手，可是日光灯无论亮多长时间，灯管表面并不怎样烫手，叔叔，这是为什么呢？"

"因为两种灯的发光原理不一样。电灯是利用电流的热效应来发光的，发光效率很低，输入灯泡的电能真正用来发光的还不到 10%，绝大部分都转化成热能散发到周围空间中，所以玻璃泡很烫。而日光灯是利用气体放电来发光的……"

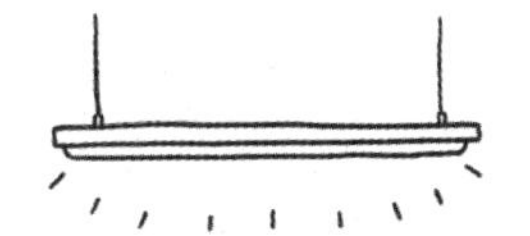

“气体放电不就是气体导电现象吗，它怎么能够发光呢？”书戎打断了我的话，不解地问。

“为什么不能？雷电就是一种气体放电，它发出的闪电多明亮啊！不过，日光灯和雷电发光不完全一样，它是利用稀薄气体放电现象制造的一种高效率光源。”说到这里，我指着一支灯管说，“你看，这灯管的内壁涂有荧光粉，管里还充有水银和少量氩气。当管里有电流通过的时候，做定向移动的电子就和水银原子发生碰撞，产生紫外线。紫外线照射到荧光粉上，荧光粉就发出近似于太阳光颜色的光。”

“哦，怪不得我听说日光灯又叫低压水银荧光灯呢！”

我接着说：“日光灯的发光效率比电灯高四五倍，一支 15 瓦日光灯的亮度可以和一盏 60 瓦的电灯媲美，作为家庭照明用灯，它越来越受到人们的欢迎。当然，它也有不足的地方，就是体积太大，需要镇流器、启动器等附件，比不上电灯轻便、简单。”

书戎一面点头，一面问：“不要镇流器行不行？”

“当然不行。你可知道，日光灯启动的一瞬间，灯管两头必须加一个很高的电压，这样灯丝发射出的电子才能从一头流向另一头，形成辉光放电。当它正常发光以后，两头的电压只要维持在 110 伏左右就行了。这一高一低的两个电压，就是靠镇流器提供的。”

书戎惊叹说：“真想不到，镇流器一身两用，神通这样广大！”稍停了一会儿，他又说：“对了，叔叔，有一回我不小心把启动器碰掉了，可是日光灯照样亮着，看来启动器可以不

安，是吗？”

“又是又不是。”我解释说，“日光灯正常工作以后，启动器确实不起作用了。但是刚开灯的时候，没有它可不行。在由镇流器、灯丝和启动器组成的启动电路里，启动器起了一个自动开关的作用。只有当它断开的瞬间，镇流器里才能产生很高的自感电压并加到灯管两头，把灯点亮。当然，你硬是不要启动器，而在启动电路里接一个开关，也未尝不可。只是这样一来，每次开灯先要接通电源开关，然后打开启动电路的开关，太麻烦了。”

“哦，原来是这样。”书戎回忆说，“有一次启动器坏了，我爸爸用一段导线朝启动器座里一插，过几秒钟拔出来，灯就亮了。我当时还挺佩服爸爸，觉得他很有办法。”

“其实导线的插入、拔出，就代替了启动器的作用，这是一个应急的办法。不过要注意，导线接通启动电路的时间不能太长。”

“为什么？”

“这样就等于延长灯丝的通电时间，加速了灯丝上电子发射物质的消耗，会缩短灯管的使用寿命。在日光灯使用过程

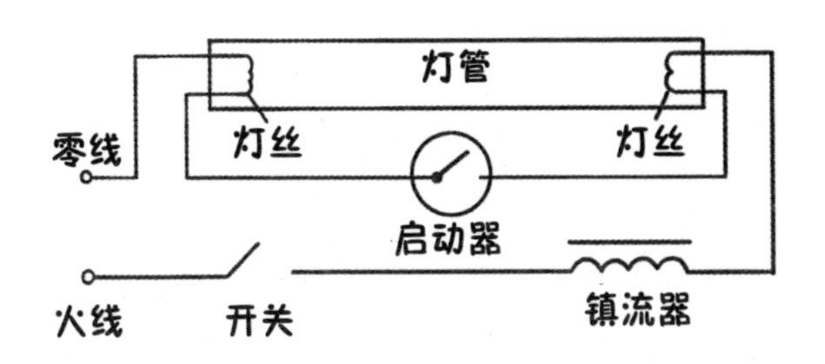

中，有时候会遇到这样的情形：电源接通以后，灯管两头只发红，灯不亮；可是一卸下启动器灯就亮了。这种现象是启动器出了毛病，应该马上关灯，换上新的启动器，否则灯丝会很快损坏。”

“叔叔，日光灯不宜频繁开关，也是这个原因吧？”

“是的。每开关一次，灯丝要受到一次瞬时高电压的冲击，损耗一部分电子发射物质。从使用寿命的角度来看，每开关一次至少相当于点亮 3 小时。日光灯的正常寿命一般长于 3000 小时，它的条件是每启动一次连续点亮 3 小时。假如每启动一次连续点亮时间不到 3 小时，那么灯管的寿命就会缩短。所以频繁地开关，只会加速灯管的损坏。”

“为了关灯这件事，我和书戎他爸吵过好几次呢！”还在听我们谈话的嫂子插话说，“我总是随手关灯，他经常唠唠叨叨地反对，可又说不出个道理，我没有听他的。现在看来，我房间里的灯管几个月就得换一支，就是因为开关的次数太多了。”

我点头说：“是啊，随手关灯，节约用电是应该的。但是对于日光灯，在使用中还应该尽量减少不必要的开关次数。”

电熨斗的选择和使用

书戎看到妈妈拿出电熨斗准备熨烫衣服，突然问我："叔叔，熨斗怎么会发热呢？"

我笑着说："这是因为它'肚子'里面有东西。"

书戎好奇地问："有什么东西？"

"用来产生热量的发热体啊！"

"哦，"书戎开始明白了，"这发热体准是利用电流的热效应做成的，对吧？"

"不错。电熨斗肚子里的发热体，是用电阻率比较大、熔点比较高的合金丝绕在绝缘材料上做成的。接通电源，当电流

流过合金丝的时候，由于电流的热效应，电能全部转化成热能，就使熨斗外壳特别是底部升到比较高的温度。例如家庭常用的普通型 300 瓦电熨斗，一般在通电 10 分钟左右后，熨斗底部温度就可以达到 200 摄氏度。你家的这个就是普通型 300 瓦的。”

机灵的书戎一听到“普通型”，马上就问：“那一定还有特殊型电熨斗喽？”

“对，”我说，“调温型电熨斗就是一种和普通型电熨斗不同的电熨斗，它的工作温度可以调节得保持在 60 摄氏度到 230 摄氏度之间的任意一个温度上。熨烫的纺织物不同，所需要的温度也不一样。例如丝绸和棉织物，熨烫温度分别是 135 摄氏度到 160 摄氏度和 190 摄氏度到 210 摄氏度。由于调温型电熨斗的工作温度可以根据需要进行调节，所以使用起来十分方便，熨烫质量也好。不过调温型电熨斗也没有什么特殊的，它的主要部分仍然是一个发热体，只是比普通型电熨斗多了一个调温装置罢了。”

书戎担心地问：“普通型电熨斗没有调温装置，温度不能够调节，使用的时候温度过高了怎么办？”

“这有什么难的，”嫂子边熨烫边指着已经拔下的插头说，“喏，切断电源不就行了吗！”

“是啊，”我接着说，“普通型电熨斗的温度靠切断电源

来控制，使用起来是比调温型电熨斗要麻烦一些；但是，它的结构简单，价格便宜，所以已经在很多家庭里落了户。我家也正打算买一个呢！”

嫂子说：“电熨斗好是好，就是太费电。一用它，好家伙，电表上的数字‘唰唰’地走得可快啦！”

我说：“好在不是天天熨烫衣服，也费不了多少电。”

电表引起的家庭矛盾

说到电表，书戎咬着我的耳朵神秘地说：“叔叔，为了电表的事，一个多月前，我妈妈还和爸爸吵嘴了呢。”

“是怎么回事啊？”我惊讶地问。

书戎轻声地说，“去年 11 月下旬，《北京日报》上登了一篇短文《民用电表向较大容量发展》，说如果家里有了电视机、洗衣机、电扇、电冰箱、电熨斗等电器，电表就应该改用 30 安的。爸爸一看我家的电表是 10 安的，就对妈妈说：‘按报纸上说的，我们该换一个新的电表了。’谁知妈妈一听就嚷嚷开了。”

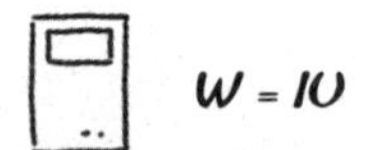

嫂子的耳朵真好使，她听到了我们的悄悄话，就打断书戎的话对我说："一个好端端的电表，用了没有几年又要换新的，这不是无谓的浪费吗！我要你哥哥讲出换表的理由，但是他支吾了半天，也说不出个所以然来。"

我笑着问："争论的结果准是你胜利了，对吧？"

她得意地说："可不，一个多月过去了，旧表走得挺好！"

站在爸爸一边的书戎急了："叔叔，您倒快说啊，难道报纸上说得不对？"

"自然是报上说的对喽！"我不紧不慢地说，"电表的电流大小一定要和用电器的总功率相适应。在电压是 220 伏的情况下，利用公式 $W=IU$ 就可以算出不同电流大小的电表可以容纳的电器的最大总功率。例如分别为 10 安、20 安、30 安和 40 安的电表，可以安装的电器的最大总功率分别是 2200 瓦、4400 瓦、6600 瓦和 8800 瓦。对于一定电流大小的电表来说，它所安装电器的总功率以最大总功率的 25% 到 80% 为最合适的值。像 10 安的电表，安装 550 瓦到 1760 瓦的电器最适当。假如用电器的总功率是 1200 瓦，那么选用 10 安或 15 安的电表比较合适。"

"选用 5 安电表行不行？"书戎问。

"不行！"我解释说，"5 安的电表可以安装的电器的最大总功率是 1100 瓦，可是实际总功率是 1200 瓦，超过了它的最大容量。你硬是要用，当电器同时用电的时候就会把电表烧坏！"

"噢，是不行。"书戎接着说，"5 安的电表允许通过的电流是 5 安。假如实际总功率是 1200 瓦，通过电表的电流变成 5.45 安，电表就承受不了啦。”停了一下，他又问，“对了，叔叔，要是用一个容量大一些的电表，例如 30 安的，该不会有什么问题吧？”

“用 30 安的电表也有问题。30 安的电表可以安装的电器的最大总功率是 6600 瓦，而实际总功率只有 1200 瓦，还不到最大容量的 1/4，当然不行。你硬要用，就会影响电表准确计量用电度数。例如在只开一盏 3 瓦灯的时候，电表不走字。这就会占国家的便宜，你说合适吗？”

嫂子着急地问：“你们说了半天，还是没有说到我家的 10 安电表究竟该不该换啊！”

“该换是肯定的。至于理由，”我指着书戎说，“你来给你妈讲一讲吧。”

书戎拿出纸和笔，把家里的电灯、日光灯、电视机、洗衣机、落地电扇、收音机、电冰箱、电熨斗等电器的功率加了一下，总共接近 3000 瓦。算完，他突然疑惑起来了：“我家的电表是 10 安的，它的最大容量是 2200 瓦；现在实际总功率超过最大容量好几百瓦，电表怎么没有烧坏？”

“那是因为这些电器并没有同时用电啊！例如现在就没有用洗衣机，也没有开电扇。但是，一旦电冰箱、洗衣机、电扇、电熨斗等电器同时使用，总功率超过了 10 安电表的最大容量，

就有发生烧表的危险。”我接着加重语气对嫂子说，“还是哥哥的意见对。只有换成 30 安的电表，才能保证安全使用。”

嫂子是个痛快人，她明白了道理后立刻就表示：“好，赶明儿我们就换！”

“舍己为人”的保险丝

“叔叔，刚才您说，假如电冰箱、电扇、洗衣机、电熨斗等同时用电，使用 10 安的电表就有发生烧表的危险。我记得去年夏天，还真有过这些电器同时用电的情况，可是电表并没有烧坏啊！”

“那准是先把电表下面的保险丝烧断了。”

书戎点头说：“是的。”

我说：“当电路里通过的电流超过电表的允许电流，在危险临头的时候，是勇于‘献身’的保险丝不顾一切地保护了电表或者电器的安全。”

书戎幽默地说："保险丝的'品德'真高尚啊！"

"牺牲自己，保护他人，这正是它的天职。你知道吗？它是由特殊材料制成的。"

"保险丝不也是一种金属丝吗？"

"是的，但是它不同于普通的铜丝、铁丝。"我随手从保险盒里取出一段保险丝，继续说，"你看，它软乎乎的，是由铅、锑或者铅、锡等低熔点金属制成的。它的电阻率比较大，熔点比较低，天生怕热。由于电流的热效应，只要从保险丝上通过的电流超过它的额定电流，达到它的熔断电流，它就迅速熔断，自动把电路和电源断开。"

"噢，怪不得保险丝断了，不能随便用铜丝代替呢！"书戎回忆说，"有一次我家的保险丝断了，楼下的李叔叔来帮忙换，可是我家没有备用的，妈妈找了一段铁丝递给叔叔，让他凑合一下。当时李叔叔很严肃地说：'我凑合着接上铁丝，电路倒是通了，可是万一电路出了毛病，电流过大，铁丝不会被烧断，就起不到保险作用了，这是很危险的！'说完他回家拿了一段保险丝给换上了。"

"是啊！在家庭用电电路里安装保险丝，不要说不能用铜丝、铁丝代替，就是用保险丝，也必须注意选择粗细合适的才行。保险丝的规格很多，通常用它的额定电流表示。对于同一种材料的保险丝，截面直径越大，允许通过的额定电流也越大。所以在选择的时候，必须先根据用电器的总瓦数，计算出通过电路的最大工作电流，使保险丝的额定电流等于或略大于电路的最大工作电流。这样，既保证保险丝能够正常工作，遇到过大电流的时候，它又能够迅速熔断，切断电路。假如保险丝的额定电流过大或者过小……”

没等我说下去，书戎接过去说：“保险丝的额定电流过大，当电路里有过强电流通过的时候，它不会熔断，就失去了保险作用，这和接一根铁丝没有什么两样；但是，额定电流过小也不行，因为这样，在正常用电情况下，保险丝也会熔断，造成停电事故。”

“说得对。别小看这一截保险丝，它还很有点儿讲究呢！”

书戎又想起一个问题，就凑到我耳朵边小声说："叔叔，我还有一个弄不明白的问题：爸爸一开收音机，就喜欢把声音开得比较大。妈妈总是反对，说这样太费电了。可是爸爸不听，说声音大小和耗电多少没有关系。叔叔，您说他俩谁说得对？"

"你说呢？"

"我觉得还是妈妈说得对。收音机里放出的声音的能量，不是从电能转化来的吗？声音开得大一些，消耗的电能当然就多一些喽。"

嫂子一直在专心地旁听我们的谈话，听到书戎站在她这一边说话，就高兴地插话："书戎说得对啊！收音机声音开得大费电多的道理非常简单，就好比煤气炉，你把火开得大一些，烧掉的煤气一定也多一些。"

"依我看，"我慢条斯理地说，"哥哥说的并不全错，你们说的也不全对。"

"为什么？"嫂子和书戎异口同声地问。

"这就需要具体分析是哪一种收音机了。"我解释说，"假如是电子管收音机，那么哥哥的说法就对：只要你一打开，不管声音开得大还是小，消耗的电能都一样。这是因为电子管收音机所消耗的电能，绝大部分用来加热电子管的灯丝和满足电子管其他电极的需要。要使收音机正常工作，提供给它的电能必须维持一定的数值。另外，电子管收音机一般采用甲类放大电路，工作电流不随声音大小而变化。所以你把收音机声音开小了，实际上并不能减少电能的消耗，那些没有转变成声音能量的电能变成了热能，在电路里，尤其是在电子管内部消耗掉了，这就增加了收音机的发热。不信你可以做一个试验：调节收音机音量旋钮，在声音最大和最小的时候各播放一段时间，分别用手摸一下和喇叭相连的输出级电子管（也叫功率放大管），你一定会发觉，声音越小的时候电子管越烫手，整个收音机也比声音最大的时候要热一些。从这个意义上来说，声音开得稍响一点，可以避免电子管受热过度，还可以延长它的使用寿命。"

书戎一面点头，一面得意地说："看来，对于半导体收音

机，我和妈妈的说法就对了。”

“是的。”我解释说，“晶体管不需要像电子管那样的灯丝加热，工作条件又是低电压、小电流，加上一般半导体收音机的输出级采用乙类放大电路，由两只晶体管轮流工作，提供给收音机的电能大部分传给了喇叭，转换成声音的能量。所以，开的声音越小耗电越少，声音越大耗电越多。”

“噢，原来是这样！”书戎说，“我看爸爸并不知道这些道理，所以还得跟他说一说，让他以后听半导体收音机的时候注意节约用电，不要把声音开得太响了。”

这时候哥哥回来了，书戎连忙对他说：“叔叔刚才给我们讲了收音机声音大小和耗电多少的关系，评判了你和妈妈的说法谁错谁对……”

“嗨，”哥哥打断了书戎的话，胸有成竹地说，“这个科学道理我已经知道了，是前些日子从一本科普杂志上看到的。你们没有注意吗？近来我使用半导体收音机的时候，总是尽量把声音调得小些，只有在听落地电子管收音机的时候，声音才开得比较响。”

收音机收不到电视的声音吗

一说到收音机，书戎又联系起电视机，兴趣十足地提出了一连串问题。要是逐个儿说，再谈一天也谈不完。我一看夜幕快要降临，就只好做了限制："今天只谈和电磁波有关的问题。"

书戎一面点头同意，一面为难地说："叔叔，我也不晓得哪个问题和电磁波有关，我先问，您觉得是就谈，不是就搁在那里，好吗？"

看我表示同意以后，他就问开了："几年前的一天晚上，电视台转播国际排球比赛实况，那时候我家停电了，没办法看电

视机，我就想用收音机来收听。但是调了半天，也没有收到转播。爸爸说我傻：‘电台没有同时转播，你怎么能够收到呢？’电视台和电台发射的不都是电磁波吗？我不明白，为什么收音机就收不到电视广播的声音呢？”

“那是因为电台和电视台发射的无线电波的波长不同。无线电技术里应用的电磁波叫作无线电波，按波长可以分成长波、中波、短波和微波等。普通收音机能够收到的是中波和短波信号，它们的波长为十几米到几百米，频率为 20 兆赫左右到几百千赫。可是电视广播用的是微波，波长只有几米，频率在 40 兆赫以上。因此，普通收音机收不到电视伴音是毫不奇怪的。”

书戎不住地点头，并且自言自语地说：“噢，要是把收音机稍微改装一下，使它的接收频率提高到微波范围，就可以收到电视伴音了。”

我断然否定了他的说法：“这样做还是枉费心机。”

“为什么？”书戎惊异地问。

“因为在两种广播里，声音信号加到载波上的调制方法不一样：电台用的是调幅法，电视台用的是调频法。”

书戎越听越糊涂，赶紧问：“调幅、调频是怎么回事？”

“所谓调幅或者调频，就是使载波的振幅或者频率随着声音信号的强弱而变化。”我慢慢地解释说，“载波就是无线电波，它好比运载货物的火车，是用来运载声音信号的。电台发射的载波是调幅波，它的幅度大小是按声音强弱而变化的。只有调幅收音机能够收到这种载波。普通收音机都是调幅的，它

收到调幅载波以后，经过检波、放大，由喇叭还原成声音。电视台发射的载波是调频波，它的频率是按照声音强弱而变化的，幅度大小并不变化。这种载波只有调频的接收机（如电视机）才能收到，并且还原成声音。”

“哦，我明白了！”书戎大声说，“电视台发射的调频载波就算被普通调幅收音机收到了，也不可能检出声音信号来，因为它的幅度并不按照声音的强弱变化。”

“说得对。”我补充说，“不过，有一种收音机能够收到电视伴音，它就是调频收音机。”

电闹钟为什么会闹

“丁零零……”屋里突然响起一阵清脆响亮的铃声。书戎连忙解释说：“早晨 6 点闹钟响起来以后，我忘了关闭闹钟，所以现在又闹起来了。”我走过去一看，可不是，表针正好指着 6 点。估计书戎会问电闹钟的问题，没等他开口，我就先问：“你知道电闹钟为什么会闹吗？”

他摇头说：“以前我家有一只双铃闹钟，它闹的时候有一个小锤来回打铃。可电闹钟的铃装在钟里面，我想象不出它是怎样闹的。”

“双铃闹钟是靠卷紧的弹簧（俗称发

条）释放出来的机械能带动小锤打铃的。电闹钟嘛，顾名思义，是靠电能使铃闹起来的哟。”

“噢，原来钟里面装有电铃！”

“不错，看来你对电铃还挺熟悉。”

书戎微微一笑，不好意思地说：“不，我只知道一丁点儿，好像里面有个电磁铁，至于具体工作原理我就说不清了。”

“其实电铃工作原理很简单，主要是运用电流的通断来控制电磁铁磁性的有无，我给你画个示意图，你一看就明白了。”

我画图的时候，书戎在旁边目不转睛地看着。等我说完图上各部分的名称和用途，他立刻喜形于色地说：“叔叔，我现在明白了！”接着他指着图，滔滔不绝地说，“按下闹帽，使止闹开关合上，表针走到起闹钟点，时轮起闹开关也自动合上，这时候电铃电路就接通了。电流从电池正极流出，经过时轮起

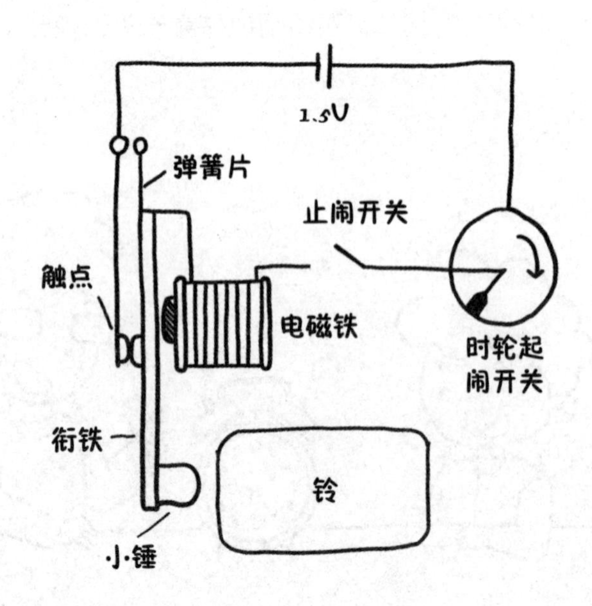

闹开关、止闹开关、电磁铁、弹簧片和触点等流回电池负极。由于电流磁效应，电磁铁产生磁性，吸引衔铁，衔铁末端的小锤就敲击铃，铃就响一声。就在衔铁被电磁铁吸住的同时，触点分开，电路被切断，电磁铁马上失去磁性，衔铁弹回原来位置。衔铁一回到原位，触点重新接触，电路通了，电磁铁又有了磁性，又把衔铁吸过来，小锤又敲击铃，铃就又响一声。”

“说得很对！只要衔铁被电磁铁吸过来，电流就断；电流一断，电磁铁就失去磁性，衔铁回到原位，然后电流又通。所以只要止闹开关闭合，电流就这样一通一断地循环下去，铃声可以持续近 3 分钟，直到时轮起闹开关自动断开才停闹。”

我们周围到处都有变压器

“哎，叔叔，”书戎突然提了一个问题，“电闹钟里的电铃，只要一节电压是1.5 伏的干电池就可以响；可是我同学家的大门上装的报信电铃怎么用的是 220 伏电压？”

“你怎么知道加在电铃电路上的电压是 220 伏？”我反问了一句。看他直眨巴眼睛，默不作声，我继续说：“从表面上看，报信电铃是接在 220 伏电压上的。但是，实际加到电铃电路上的电压只有几伏。这几伏的电压，是通过变压器降压获得的。”

“变压器？”书戎先愣了一下，然后

自言自语地低声说，“变压器不就是一种能够改变交流电电压的设备吗？我参观过的变压器是架在电线杆上的，个儿都很大，可是在同学家里我怎么没有看见什么变压器？”

“难道变压器一定都是大个儿的？”我笑着自问自答地说，“当然不是！电铃变压器的个儿就很小。它一般和电铃安装在一起，可以把 220 伏的交流电压降到几伏。”

“这么说，家里也可能有变压器了？”

“不是可能，”我纠正说，“而是在一般家庭里都有变压器。”我故意把“都有”两个字说得声音很大。

“我家又没有装报信电铃，哪儿有什么变压器？”

“怎么没有？你好好想一想，”我提醒他说，“这手机充电器提供给手机的电压是 5 伏，收音机里电子管的灯丝电压是 6.3 伏，电视机显像管需要的电压高达 1 万伏左右。但是，充电器、收音机和电视机的插头都是接到 220 伏电压上的……”

“噢，我知道了！”书戎转过弯子来了，大声地抢着说，“这里确实都用到了变压器，起着降压或者升压的作用。”

“这些变压器都是作电源用的。你知道吗？”我提出一个新的问题，“在收音机或者电视机里，除了电源变压器以外，还用到了别的变压器。”

“这不可能！”书戎斩钉截铁地否定说。

“为什么？”我追问了一句。

他眨了眨眼睛，有条有理地回答说：“变压器只能改变交流电压，这是由电磁感应的性质决定的。可是电源提供给收音机或者电视机的电压都要经过整流（电子管灯丝电压除外），是直流电。对直流电来说，变压器可就无能为力了！”

“不错，变压器不能改变直流电压，我们也没有要求它担当这一工作。”我解释说，“在收音机或者电视机里，变压器的作用是传递交流信号和改变信号电压。这些交流信号有高频、中频和低频几种，它们大都要通过变压器来传递。例如，个儿非常小的中周变压器（也称中频变压器），是在中频放大级传递中频信号的；比中周变压器个儿稍大一些的输入、输出变压器，是在功率放大级传递音频信号的；等等。因此可以说，没有变压器就甭想听广播、看电视！”

听到这里，书戎不由得叹了口气说：“唉！原先我对变压器的概念理解得太狭隘了，以为它都是大型的，并且只在高压输电中使用，没想到它在家里也不是‘稀客’。”

这时候嫂子已经把晚饭端了出来，催促我们说：“该‘下课’了吧？都快 7 点钟了！”

“好，这就‘下课’。”我顺着她说。

书戎点点头，表示同意。我正要站起来去帮端东西，他拉住我的手，急切地问：“叔叔，下星期天您还给我讲‘我们周围的光学’吗？”

“不讲了！”说完我转身向厨房走去。

“为什么？”书戎拉住我，眼睛睁得圆圆的，惊异地问。

看他急了，我连忙解释说：“再过十几天就要期末考试了，

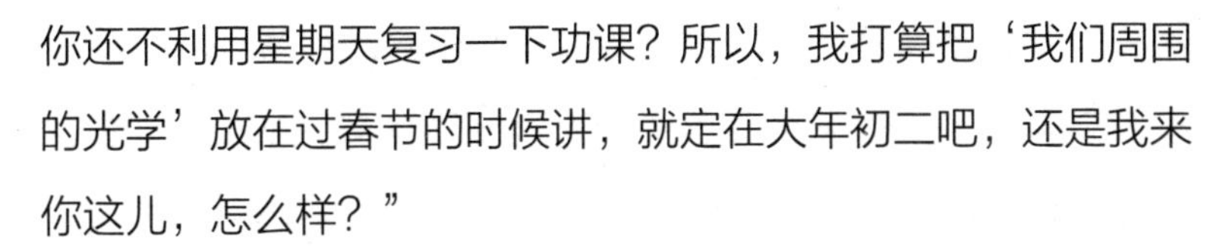

你还不利用星期天复习一下功课？所以，我打算把‘我们周围的光学’放在过春节的时候讲，就定在大年初二吧，还是我来你这儿，怎么样？”

书戎咧着嘴笑了，高兴地说：“好，叔叔想得真周到！”

第 5 章
我们周围的光学

大年初二早晨快到 9 点钟的时候，我带着刘畅来到书戎家。刚进门，书戎气鼓鼓地说了声：“叔叔，春节好！”

我一眼看出他不高兴的样子，就和颜悦色地问：“书戎，瞧你嘴巴噘得老高，都可以挂油瓶了！来，告诉叔叔，生谁的气了？”

经我一问，他的脸“唰”地红了，低下了头。哥哥说：“嗨，这孩子一大早就念叨着你要来，为了迎接你，他已经下过 3 次楼了，但是每次都接了个空，就生起气来。”

“原来是这样，我这不来了吗！”我乐呵呵地指着刘畅说，“今天来晚了些，一要赖他，起床的时候磨磨蹭蹭；二要怪汽车太挤，等了好几辆才挤上去。”

这时候书戎的脸上露出了笑容。他帮我挂好大衣，转身把我拉到他的屋里。从他的动作和眼神，我已经猜透了他的心事。他仿佛在焦急地央求：“叔叔，您快给我讲‘我们周围的光学’吧！”

电视上的图像怎么拍

正当我想和书戎商量一下怎样讲光学的时候，已经在另一间屋里观看电视的刘畅哇哇地叫了起来：“爸爸，快来看啊，电视里尽是些动物，彩色的，真好看！”

“你这孩子就爱看动物！”我冷冷地回了他一句。

“叔叔，我也爱看动物，”没想到书戎一听电视里播放关于动物的纪录片，也兴致勃勃地请求说，“我们先去看一会儿电视再开始讲吧。”

见我和书戎过来看电视，刘畅可高兴了。他连忙给小哥哥搬了椅子，又让我坐

在他的凳子上，他就骑在我的腿上。

看着看着，刘畅突然向我提出要求：“爸爸，这些动物多好玩，您能给它们照几张相片吗？”

“对，照几张动物相片，我也想要。”书戎边说边转身去拿照相机。他还对刘畅说，“哥哥给你照，这相机里的胶卷还是彩色的呢！”

我知道书戎会照相，而且照得不错，就没有管他，只是提醒说：“拍摄电视机上的图像，效果不好，只能得到模模糊糊的相片。”

“不碍事。”书戎说完，打开照相机盒，对着镜头看了起来。他感到太暗了，照出的相片不清楚，于是灵机一动，小声地说：“对了，这屋里光线不好，得用闪光灯。”

他刚要打开闪光灯，我一把拉住他，笑着问：“你打开闪光灯就可以拍摄到清晰的相片了吗？”这时候哥哥也在一旁笑了。

“怎么不能？”书戎奇怪地反问了一句。

“你这个照相‘小内行’怎么糊涂起来了，”我打趣地说，“看来你把拍照的原理都忘光了！”

“我哪能忘啊！”书戎辩解了一句以后，为了表示他很懂拍照原理，就滔滔不绝地说，“我们要拍摄景物，先要把照相机的焦距、光圈、曝光时间调整好，然后打开快门，让景物上反射出来的光线进入相机，使暗盒中的胶片感光，这样一来，被照的景物就留在感光胶片上了……”

“那么什么时候需要用闪光灯呢？”我插问了一句。

书戎对答如流地说："在阴暗的地方拍摄景物，一般就要用闪光灯。因为这时候从景物上反射出来的光线太弱，会使胶片的感光不好；借助闪光灯把景物照得很亮，就可以使胶片充分感光，收到令人满意的拍摄效果。"

"嚯，真不愧是照相'小内行'！"我夸奖了一句以后问他，"可是，你想过没有，在这光线很弱的房间里拍摄电视屏幕上的图像，同在阴暗处拍摄景物的情况一样吗？"

"当然一样啊！"书戎毫不犹豫地脱口而出，还故意把"当然"两个字说得特别响，"所以我才要打开闪光灯。"

"你真糊涂！"哥哥听了书戎十分自信的回答，焦急地插话说，"你叔叔所说的两种情况怎么会一样呢？"

书戎听了他爸爸的插话，不解地自言自语："不一样？这是怎么回事呢？"

"你啊，是犯了生搬硬套的错误！"看着书戎莫名其妙的样子，我直截了当地说，"不错，拍摄阴暗处的景物要用闪光灯。但是，把这一办法照搬来拍摄电视图像，就行不通了。"

"为什么？"

"你一定知道，电视屏幕上的画面只是一些光亮的图像。为了使我们能够更加清晰地看到它们，白天看电视要拉上窗帘，尽量让屋里的光线暗些……"

"噢，我知道啦！"没等我说完，书戎就打断了我的话，恍然大悟地说，"要是用带闪光灯的相机拍摄电视屏幕上的图像，屏幕就会变得一片白亮，上面的图像都不见了，这就如同给一块白布照相一样。"

“说得对！”我点头说，“同样，如果有谁想用带闪光灯的相机在电影院里拍摄银幕上的精彩场面，也是不会成功的。”

“叔叔，我真傻！”书戎感慨地说，“要是我冒冒失失地使用闪光灯拍摄电视上的图像，拍出来的准是‘白’卷！”

影和像是一回事吗

谈完照相，电视里的动物节目早就结束了。我站起身来建议说：“书戎，咱俩还是去你屋里谈吧。”

走进书戎屋后，书戎问：“有一本词典上说，‘镜子、水面等反映出来的物体的形象’叫作影子。您说这个解释对吗？”

我估计他一定认真地思考过这个问题，并且能够做出正确的回答，就反问说：“你的看法呢？”

“我觉得有问题，它把影和像这两种生活中常见的光现象混淆起来了。”他果真不慌不忙地说，“光学告诉我们，光是

沿直线传播的，当光照射到不透明物体上的时候，会在物体后面形成跟物体形状相似的黑暗区域，这个黑暗区域就是物体的影子。例如晚上在灯光下，用两只手做出各种姿态，在墙壁上就可以映出狗、鸭、飞鸟等各种栩栩如生的动物形象。这些形象就是手在灯光照射下形成的影子。影子可以分成本影和半影……”

我打断了他滔滔不绝的叙述，问：“那像是什么呢？”

他很自信地继续说：“像和影子恰恰相反。所谓像，指的是从物体发出的光线，经过镜子、棱镜、透镜或者它们的组合以后所形成的跟原物相似的图景。例如照相机，拍在底片上的图景就是原物的像，而不是原物的影子。这种像可以使照相底片感光，也可以显映在屏幕上，叫作实像。又如平面镜，我们站在镜子前面，从镜子里所看到的自己的形象也是像，而不是影子。这种不能显映在屏幕上，也不能使照相底片感光，只能用眼睛看到的像，叫作虚像。”

“说得对。要是平面镜照出的是人的影子，那我们照镜子还有什么意义！”我说，“好，现在考你一个实际问题：有本科普书上说，电影是活动的影子。你说对吗？”

书戎沉思片刻，显得很得意地说：“这个说法也不对！映在银幕上的不是电影胶片的影子，而是它的像。因为电影机的镜头是一个由多个透镜组成的光具组。当强光照到胶片上的时候，胶片就相当于发光的物体，它通过镜头，就在银幕上形成放大的实像。”

“对了，有一种皮影戏，不知你看过没有？”我问。

“看过。”他点点头说，“这种戏就是利用纸剪的人、物，在幕后进行表演，然后用强光把人、物活动形象映到白幕上，供人观看。皮影戏才是名副其实的‘活动的影子’！”

能照见全身的镜子要多高

听我们说到镜子，刘畅就站到椅子上，在一块挂在墙上的镜子前面玩开了。他一会儿侧着身子，一会儿做个鬼脸，显得乐趣无穷，把书戎也吸引了过去。这时候我向书戎提了一个和镜子有关的问题："你说这面镜子能照出你的全身吗？"他看到镜子里只照出自己的上半身，嘴唇动了一下，想说"不能"，但是刚说出个"不"字，突然停住了。他一边向后退了两步，一边改口说："能够照出全身！"

"现在照见了吗？"我问。

"还没有，但是，"他指着镜子边后

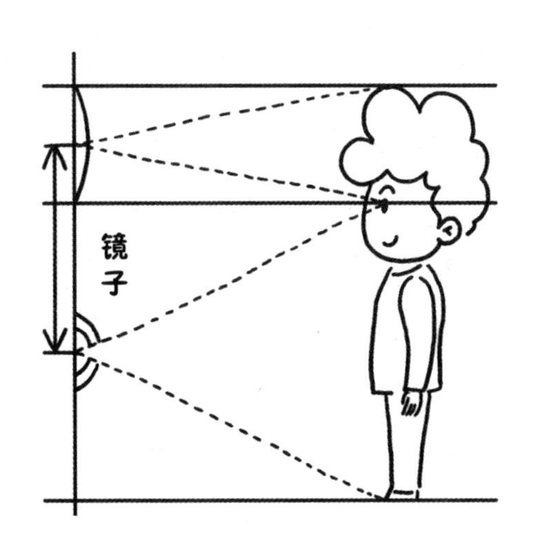

退边说，“只要我向后退到离它距离适当的位置，就肯定可以照见。”

“你这是想当然的！”我认真地提醒他说，“不论你后退到离镜子多远的位置，也永远看不到自己的全身。”

他对我的话显然是半信半疑的。直到退到镜子对面的墙壁边的时候，他才恍然大悟地发现：后退只能使镜子里的像跟着远离镜面，但是照见的身体范围丝毫也没有变化。他很纳闷地说：“咦？真是奇怪啊！”

“这一点儿也不奇怪！”我笑着说，“许多人都像你一样，不明白在镜子上能够反映出来的范围只和镜子的长度有关，而和镜子到人的距离无关。这是由光的反射定律决定的。所以，要想在镜子里照见全身，唯一的办法是增加镜子的长度。”

“噢，我知道了，”书戎看到镜子里照出的像和原物的大小一样，就满有把握地说，“只有使镜子的长度和身体的高度相等，才能照见全身。”

“你又错了！”我一边画着示意图一边说，“根据光的反射定律，我们只要考虑两条光线就够了：一条是从头顶射向镜面，再反射到眼睛的光线；另一条是从脚尖射向镜面，再反射到眼睛的光线。从示意图不难看出，镜子只要有从眼睛和头顶之间的 1/2 地方到眼睛和脚底之间的 1/2 地方的长度，就可以照见全身。这就是说，镜子的长度只要等于身高的一半就行了。”

书戎不住地点着头，并且自言自语地说：“这么说用镜子也可以测量人的身高了。”

“是的，只要镜子的长度等于或者大于人的身高的一半，那么，人站在镜子前面的任何位置，都可以量出自己的身高。”接着我问，“你知道怎么量吗？”

他找来了一根细竹竿，把我叫到大衣柜的镜子前面，恳求说：“我用竹竿指出我所看到的头顶和脚底在镜面上的位置，请您帮我做个记号。”接着他用尺子细心地量得两个记号之间的距离是 83 厘米，“把这个数字加倍，就是我的身高。”算完，他情不自禁地叫了起来，“嗨，量得还挺准的呢！上个月体格检查的时候，我的身高是 1.65 米，现在量得的是 1.66 米，误差才 1 厘米。”

我开玩笑说：“这 1 厘米也不全是误差，还包含你在体检以后又长的高度呢！”

不锈钢汤匙上的奇怪人像

刘畅要喝水，嫂子给他倒了一杯，还放了点糖，用不锈钢汤匙搅了几下。突然，刘畅诧异地叫喊道：“爸爸，哥哥，快来看，这汤匙上面也有像！”

书戎接过汤匙，让凸起的背面对着自己看了起来：“哎，真的有像，好玩！”

“这有什么值得大惊小怪的，”我不动声色地说，“这汤匙的背面本来就是一面镜子嘛！”

“噢，对了，它是一个球面镜。”书戎说。

“准确地说，它是一个凸面镜。”我

纠正说。

“是的。”书戎接着说，“凸面镜生成的像，除了和平面镜一样，是正立的虚像以外，还有自己的特点……”说到这里，他眨了眨眼睛，卡住了。

“特点是什么呢？”我鼓励他说，“根据你刚才看到的现象，好好想一想。”

他又找来一把小一点的汤匙，反反复复地看了一阵以后，满有把握地说：“凸面镜生成的像永远是缩小的，而且像的大小同镜面的半径和原物离镜面的距离有关：半径越小像越小，距离越远像也越小。”

“说得对。这种凸面镜看起来很稀奇，其实它在家里并不少见。”

听我这么一说，小哥俩都睁大眼睛在屋里搜索开了。突然，刘畅站在电镀门把手前面，拍着手兴高采烈地说：“哎，我又发现凸面镜了！”接着，书戎一连数出了图钉的金属帽、暖瓶胆、表盘是黑色的手表表盖等具有凸面镜成像规律的物件。

趁书戎兴味正浓，我问他：“要是把汤匙的正面对着你，从里面可以看到什么呢？”

他不假思索地说：“也是缩小、正立的虚像啊！”

“哥哥，你说得不对。”正在看着汤匙正面的刘畅说，“这上面的像和刚才的不一样，是倒着的。”

“对，我糊涂了，”书戎连忙改口说，“汤匙的正面是凹面镜，所以它生成的像变成倒立的实像了。”

刘畅睁圆了眼睛，在屋里四处搜寻凹面镜，但是没有找到，就急切地问：“爸爸，除了汤匙，家里还有别的凹面镜吗？”我回头看了一下书戎：“你说呢？”

他皱了皱眉头，不慌不忙地说：“手电筒里的反光镜就是一个凹面镜。”

“是的。”我说，“凹面镜有一个特点，即平行光线照到凹面上，经过反射以后能够汇聚到焦点上。根据光路的可逆性，假如把光源放在焦点上，经过凹面反射的光线就能变成平行光线发射出去。手电筒就是利用凹面镜的这个特性，把位于焦点上的小电珠发出的光变成平行光束，照射到远方的。”

没想到哥哥也在“偷”听我们的谈话，他在外屋插话说：“我正想用凹面镜聚光原理做一个伞形太阳灶呢，连材料都准备好了。”

书戎笑着说：“我爸把太阳灶说得可神啦，说什么可以用它烧水、做饭，还可以炒菜。可就是没有做成！”

“哎，这可是真的啊！”我说，“太阳是一个天然的大火炉。有人计算过，它每秒辐射到地球上的能量大约相当于燃烧500万吨煤释放的热量。太阳是用光的形式带给我们热的。要是通过凹面镜把阳光‘浓缩’起来，汇聚处的温度就可以高到足以使水烧开，大型凹面镜甚至能够熔化各种金属。所以，伞形太阳灶已经逐渐在一些家庭里落了户。”

看着哥哥听得眉飞色舞的样子，我问：“大哥，你打算什么时候动手做太阳灶，到时候我来帮忙好吗？”

“欢迎，当然欢迎！”哥哥连声说，“今年我一定抽空把它做好。”

“爸爸，我也当您的助手。”书戎自告奋勇说。

听说我们真的要做太阳灶了，嫂子意味深长地说：“那敢情好，等用太阳灶做第一顿饭的时候，我一定请你们吃好的！”我和哥哥不约而同地说：“好，一言为定！”

压在玻璃板下的相片变高了

在我们谈做太阳灶的时候，刘畅独自观赏着压在玻璃板下面的相片，看得出了神。我们刚谈完，他就问：“爸爸，真奇怪，这玻璃板下面的相片为什么升高了？”

“什么，相片升高了？”书戎怀疑地问，“哪有这样的事，是你看错了吧！”

“真的，哥哥，你过来看啊！”刘畅把书戎拉到桌前，指着玻璃板边上的相片说，“喏，它就比桌面高一些嘛！”

书戎一看愣住了，喃喃地说：“以前我怎么没有发现呢？”他把这张相片从玻璃板下抽出一半，再一看，就更惊讶了：

相片好像折断了，而且玻璃板里面的一半比外面的一半明显地高出了两三毫米。“叔叔，这是怎么回事呢？”

“这是光线折射的结果，”我提醒他说，“你应该会解释这个现象啊！”

“折射？”书戎自言自语地小声说，“光从一种透明介质斜射入另一种透明介质时，传播方向一般会发生变化，这种现象叫光的折射。可是，光线折射和相片升高有什么关系呢？”

“关键正是在光线折射上！”我问，“你知道站在河岸上看河底，会看到河底变浅的事吗？”

“噢，我知道了！”书戎点着头大声地说，“原来相片升高和河底变浅是一个道理。根据光的折射定律，当光线从玻璃进入空气的时候，在分界面上会发生远离法线的屈折。平时我们之所以能够看见物体，是因为物体射出的光进入了眼睛。假如相片被紧压在玻璃板下面，从相片射出的光要经过折射才进入我们的眼睛，这样，我们所看到的相片，就好像是在折射线的反向延长线上。同不经过玻璃板折射的相片相比，经过折射的相片确实看起来升高了。”

“解释得好！”我说，“其实在家里，光的折射现象是经常可以看到的。例如，插在水杯里的汤匙，浸在水里的部分看起来是向上弯折的。又如，人在离脸盆稍远的地方站着，由于盆边挡住了视线，脸盆底的图案看不见；但是往盆里倒满水以后，由于折射，图案骤然升高，就变成看得见的了。”

有关镜子的有趣问题

“现在我们回头再来谈谈镜子，好吗？”我向书戎建议说。

“叔叔，镜子不是已经谈过了吗？再说镜子差不多天天都使用，我觉得对它没有什么不明白的问题了。”他回答得很轻巧。

“哎，你可别夸海口啊！”我说，“尽管镜子是家庭中见得最多的东西之一，但是有关它的问题，我断定你未必都能说得清楚。”

“那您就再考考我吧！”他踌躇满志地请求说。

“好，我就考你三个最简单的问题。”

我接着问，“第一个，镜子看得见吗？”

“叔叔，这是刘畅都会回答的问题。”书戎漫不经心地说，“当然看得见啰！”

“当然？”我摇摇头说，“不见得吧！你知道我们为什么能够看见本身不发光的物体吗？”

“因为光照射到任何物体表面都遵循反射定律，发生反射现象。”说到这里，他猛然醒悟了，“对啦，非常光洁的镜子是看不见的。我们之所以能够看见本身不发光的物体，并且从各个方向都能够看见，是因为这些物体表面粗糙不平，使照射到它上面的光线向各个方向反射出去，发生所谓漫反射的缘故。”

“是的，非常光洁的镜子本身是看不见的，能够看见的只是镜子的边缘、镜框和映在里面的像。你可知道，有一些大型的魔术，魔术师就是巧妙地利用了镜子的这一特性，创造出令人目瞪口呆的‘奇迹’。”

书戎点头说：“这第一个问题我答错了。您快考我第二个问题吧。”

我接着问：“晚上照镜子，你说应该把灯放在哪里？”

“自然是放在自己身体后面，这样可以把镜子照亮。”

“哈哈，又错了！”我笑着说，“照亮镜子干什么？是想把镜子里的像照亮一些吗？”

“对了，应该把灯放在身体前面，”他不好意思地改口说，“镜子里映出的像是不是清楚，和从我身上射向镜面的光的强弱有关。灯把我照得越亮，射到镜面上的光越强，映出的像就越清楚。”

“这就说对了。好，现在考最后一个问题：你在照镜子的时候，镜子里映出的像和你自己的形象一样吗？”

“叔叔，您这是开玩笑吧？”书戎笑嘻嘻地说，“镜子里的像就是我的化身，还能跟我不一样？”

“瞧，果真你又答错了！”我加重语调说，“镜子里的像跟你本身的形象完全不一样！”

“这不可能！”说着他走到镜子前面照了起来，显然是想用实践来证实自己看法正确。

我说：“举起你的右手，再看镜子里的像举的是哪只手。”“左——手。”他从牙缝里挤出两个字来。

“对啊！再看你的校徽，你是戴在左胸前的，镜子里的像却戴到了右胸前，而且上面的字是反着的。”

“看来像上的一切跟我刚好是相反的。”

“既然这样，怎么能说完全一样呢？”我认真地说，“在日常生活中，有许多看起来很简单的问题，假如不是根据科学知识好好思考，而是想当然，就常常会得出错误的结论。这是需要经常注意的。”

一只好玩的高脚酒杯

吃午饭的时候，哥哥提议“喝一杯葡萄酒”的话音刚落，书戎转身就拿来了酒杯。他走到我跟前神秘地说：“叔叔，这酒杯是我爸新买的，会显像，可好玩啦！”

我没有听懂他的意思，不以为意地说：“这不就是高脚酒杯吗，有什么新奇的？”

“它和普通酒杯不一样，”书戎兴致勃勃地拿起一只酒杯说，“喏，现在里面什么也看不到；待会儿斟上酒，杯底立刻显出古代仕女或者湖山景色的图像，栩栩如生，使人看了赏心悦目。”说着他向每个杯子里斟上了酒。

我看了一眼自己面前的酒杯，里面真的显出一个仕女，她手托一盘丰盛的食品，随着酒面的微微波动而翩翩起舞。书戎探头看看他爸面前的酒杯，赞叹说："叔叔，您看这一杯，里面是西湖风景，湖水碧波荡漾，多美啊！"停了一会儿，他问，"叔叔，您说酒杯为什么会显像呢？"

我还是第一次见到这种酒杯，所以没有贸然作答。我拿起一只空杯，翻来倒去地看了一阵，还到阳台上对着阳光估测了一下杯里的一个平凸透镜的焦距，终于琢磨出了它的秘密所在：原来它是根据透镜成像规律设计而成的。

"书戎，你看，"我说，"酒杯由杯碗和杯座两部分组成。杯碗底部有圆弧形的凸起，相当于一个焦距很短的平凸透镜；杯座和杯碗粘接的部位呈小碗形，就在这个小碗底部，贴有比平凸透镜直径要小的画片……"

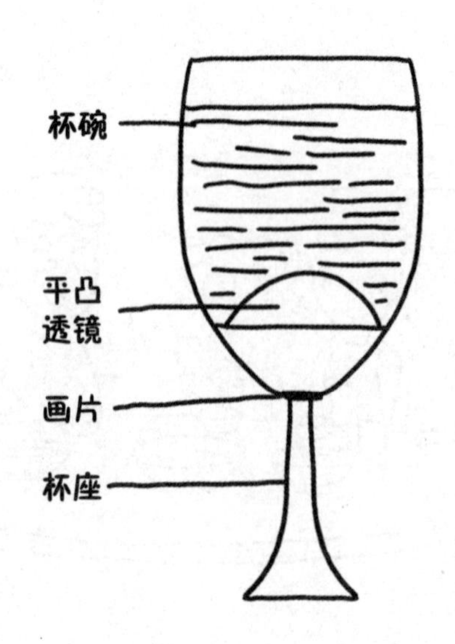

“噢，我们所看到的像，原来是画片经过透镜放大生成的。”书戎插了一句。

“笼统地说是这样。”我点头表示同意。

“可是，为什么没有酒的时候看不见像呢？”

“这是因为，”我喝了一口酒，不紧不慢地说，“画片放在平凸透镜的正下方，它离透镜的距离小于透镜的焦距，所以，从画片射出的光经过透镜折射，在杯碗下方生成一个正立放大的虚像。这个虚像相当大，加上平凸透镜有比较大的球面像差，因此，从杯子上方通过透镜只能模模糊糊看到虚像的一部分，无法辨清它是什么。”

“那么斟入酒以后，为什么可以看到像呢？”

“这是因为斟入酒以后，相当于在折射率比较大的平凸透镜上面倒扣了一个由折射率比较小的酒构成的平凹透镜。凹透镜所生成的像总是正立缩小的虚像。这样一来，平凸透镜生成的正立放大的虚像，经过平凹透镜第二次成像就缩小了一些。加上凹透镜的球面像差同凸透镜的球面像差是相反的，两者合在一起可以相互补偿。因此，我们就可以在酒杯上方，通过由平凹透镜和平凸透镜组成的透镜组，看到一个比画片大的正立清晰的虚像。”

书戎惊叹说：“真没有想到，一只会显像的小酒杯，科学道理还这样复杂！”

谈谈物体颜色的成因

吃完饭，我们看了一会儿电视。可能是节目不太对书戎的胃口，他主动向我建议：“叔叔，咱们继续谈光学好吗？”他看我点头表示同意，就立刻问，“这彩色电视机里的图像为什么这样五彩缤纷、鲜艳夺目？”

“这不是一个三言两语可以说清的问题。”我沉思了一下说，“为了对它做一个粗略的解释，我们先来谈谈物体颜色的成因吧。”

“光由于波长的不同，可以分成各种各样的颜色，物体的颜色就是由光的颜色

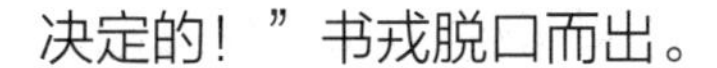

决定的！”书戎脱口而出。

“事情恐怕不是这样简单吧！”我问他，“假如像你说的那样，那么为什么相同颜色的光照射到不同的物体上，却显现出不同的色彩呢？”

书戎呆呆地看了我好一会儿，把头摇得跟拨浪鼓一样。

我打破沉默说：“要知道，不发光物体的颜色不但和照射它的光有关，而且也和它本身有关，或者说，还决定于光和物体的相互作用。从物体颜色的成因来看，不发光物体的颜色可以概括成反射色和透射色两类。”

“什么叫反射色呢？”书戎紧锁着双眉问。

“反射色就是被物体反射的色光所形成的颜色，这是常见的大多数物体颜色的成因。”我解释说，“谁都知道，由于太阳或者电灯等光源的照射，我们才能看见物体。阳光等白光都是由红、橙、黄、绿、蓝、靛、紫 7 种色光混合而成的。当阳光照射到某一物体上的时候，一部分被吸收，另一部分被反射，这一物体的颜色就是由这部分被反射的色光决定的。例如，红布反射阳光中的红光，吸收其他色光，所以呈现红色。又例如，绿叶只反射绿光，所以呈现绿色。只有白色物体特殊，它能反射所有的色光，所以你用什么色光照射，它就呈现什么颜色。”

“噢，在红光下看不清白纸上的红字，原来是这个原因。”书戎听出了眉目，紧锁的愁眉也舒展了，高兴地说，“叔叔，我琢磨透射色就是由透过透明物体的色光所形成的颜色，对吗？”

“是的，你还挺会举一反三的。”我说，“当阳光照到透明物体上的时候，一部分透过去，剩下的被反射或者吸收掉，所以，透射光是什么颜色，从背面所看到的物体也是什么颜色。例如，黄玻璃只让黄光透过，吸收掉其他色光，所以看起来是黄色的。”

“对了，照相机上有时加黄色镜片或者红色镜片，为的是只让黄光或者红光透过，这样照出的相片就会有特殊的艺术效果。”照相技术不赖的书戎接着说，“窗户上的玻璃看上去完全透明，一点颜色也没有，是因为它能让所有的色光透过。”

“你们在谈颜色，我正好有个问题。”嫂子在一旁插话说，“大前天晚上，我和书戎他爸路过商场，他说：‘正好走到这了，去买点布吧。’我反对说：‘在灯光下挑布，布的颜色不容易看准，还是白天来买吧。’可他怎么也不信。你说我这经验之谈到底对不对呢？”

“对的。”我回头对着哥哥说，“不论是反射色还是透射色，只有在白光照射下，物体才会呈现出自己的本色。假如光源发出的光的成分不完整，甚至是单一色光，那么物体就显示不出本色来。例如，红光照到蓝布上，由于蓝布吸收红光，又没有蓝光反射，所以蓝布变成了黑布；用紫光照射红玻璃，由于红玻璃吸收紫光，也没有红光透过，所以玻璃背面没有光。一般来说，在日光灯下，红布显得比较暗淡；在白炽灯下，白布会发黄。因此，有经验的人晚上是不买布的。”

嫂子瞟了哥哥一眼，低声说了句“输了吧”，又数落开了：“还有，夏天为了洗白衣服，我让他买蓝色洗衣粉，他总是犟，非说白色洗衣粉更好。”

“你也没有说出洗白衣服为什么用蓝色洗衣粉好啊！”哥哥瓮声瓮气地辩了一句。

“我从经验知道蓝的好！”嫂子坚持说，“有时候没有蓝色洗衣粉，我就在水里滴几滴蓝墨水，别看办法土，还真管用。”

“叔叔，我妈的经验有科学根据吗？”书戎着急地问。

“有啊！”我慢慢解释说，“7 种色光能够合成白光，可是 7 种色光中的任意 6 种也可以合成一种色光。假如这种复色光同第 7 种色光合在一块儿，同样会变成白光。在光学中，把可以合成白光的两种色光的颜色叫作光学互补色。将互补色合在一起，就变成了白色。”

“噢，我知道了。”书戎抢着说，“汗浸过的白衣服会变成黄色，很难洗干净。但是，黄和紫是互补色，合在一起就变成白色了，所以用接近紫色的蓝色洗衣粉来洗泛黄的白衣服，更容易使它恢复白色。”

“你听见了吗？”嫂子乐滋滋地对哥哥说，“要相信科学，以后让你买蓝色洗衣粉可别再犟了！”

红绿蓝变幻出五颜六色

“叔叔，现在我们谈谈彩色电视吧。”书戎迫不及待地恳求说。

“还不行。”我说，“上面我们初步谈了光的颜色，但是要解释彩色电视，还必须先谈谈三基色原理。”

“什么叫三基色？这我还是第一次听说。”

“我们的眼睛辨别颜色的能力是很强的。有一种理论认为，人的视网膜具有三种神经接收器，在可见光范围里，它们对波长不同的色光的敏感程度是不一样的。实践证明，它们分别对红、绿、蓝三种颜

色最敏感，这三种颜色就叫作三基色。”我看到书戎在全神贯注地听，继续说，“假如三种接收器都受到比较强的刺激，这些刺激通过神经传到大脑中并被综合以后，人就产生白色视觉。假如三种接收器都缺少刺激，就产生黑色或者灰暗的视觉。要是红光进入眼里，主要刺激红色接收器，对其他接收器的刺激极其微弱，于是引起红色视觉。人能看到绿色或者蓝色，也是这个道理。”

“要是进入眼里的色光不是三种基色，而是其他颜色，例如黄色，又会怎么样呢？”书戎问。

“当黄光进入眼里的时候，红色和绿色接收器同时受到刺激，就会产生黄色视觉。同样，当品红色光进入眼里的时候，红色和蓝色接收器同时受到刺激，就会产生品红色视觉。”

“照您这么说，在一只眼睛上放一块红色滤光片，另一只眼睛上放一块绿色滤光片，只用一只眼睛看，可以分别看到红色或者绿色；两只眼睛同时看，就可以看到黄色了。假如两只眼睛上分别放一块黄色滤光片和一块蓝色滤光片，同时看的时候，还可以获得白色的视觉。对吗？”书戎又问。

我肯定地说：“一点儿也不错！所有颜色和它们的明暗程度，都可以通过一种、两种或者三种颜色的接收器接收的不同程度的刺激被感觉到，也就是说，各种颜色都可以用红、绿、蓝三基色按不同比例调配出来。这可以用下页图来说明：红、绿、蓝三色交叠的地方呈现白色；红、蓝两色交叠的地方变成品红色，这是绿色的互补色；蓝、绿两色合成青色，是红色的互补色；红、绿两色合成黄色，是蓝色的互补色。由于每一种基色都包含许多不同波长的光，所以，只要把三种基色的成分按照需要加以调节，就可以合成出无数种不同的色调。这就是三基色原理。”

“那彩色电视是怎样显像的呢？”

“彩色电视机的显像管，就是根据三基色原理做成的。”我进一步解释说，“彩色显像管里有三支电子枪，相当于三支彩笔。荧光屏上有规则地排列着许多许多组红、绿、蓝三基色发光物质。电视机工作的时候，三支电子枪分别发射电子束，依次扫描到一组组三基色发光物质上。由于电子束随信号变化而强弱不同，三基色光点就合成出不同的色光，因此，电子束每自上而下地扫描一遍，就在荧光屏上绘出一幅美丽的彩图。”

“把电子枪比作会绘彩图的彩笔，真是妙极了！”书戎赞叹着说。稍顿了一下，他又问：“哎，叔叔，我们看彩色电视的时候，看到的怎么不是一幅一幅孤立的彩图呢？”

“这就和人眼的视觉暂留特性有关系了。电子束扫描的动

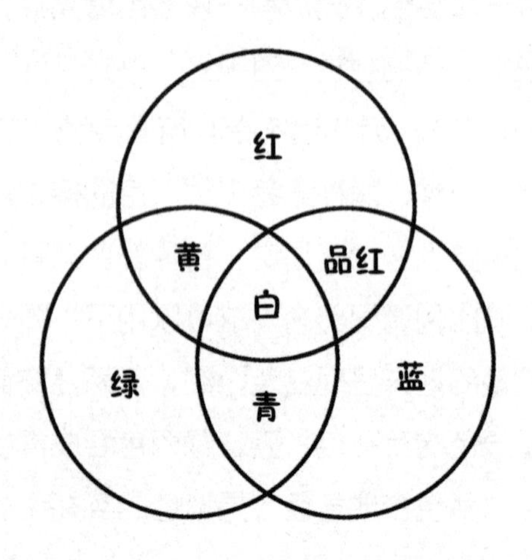

作快得惊人，每秒钟要扫描 50 遍，绘出 25 幅彩图。我们的眼睛有一个特性，即它所看到的形象可以在大脑视神经中枢里保留 0.1 秒的时间，这就叫作视觉暂留现象。假如在 0.1 秒的时间里，我们的眼睛又看到第二个形象，这两个形象就会同时保留在我们的脑海里。假如这两个形象的差别非常微小，我们的大脑就会把它们连接起来，形成一个连贯的动作。”

“原来它和电影的原理一样！”书戎有板有眼地说，“电子枪每秒钟绘出 25 幅彩图，每幅图在屏幕上停留的时间只有 0.04 秒，比视觉暂留时间 0.1 秒小得多，因此在我们的视觉中，图就是连续的，人物的动作也是连续的。”

肥皂泡上的彩色花纹

不知道从什么时候开始，刘畅饶有兴味地玩起了吹肥皂泡。或许是受到我们谈论颜色的启发，他发现肥皂泡上也有彩色，惊奇地叫喊起来：“哥哥，你来看，这肥皂泡上也有彩色，可好看啦！”

“真的！”书戎一看，也惊奇了。他问：“叔叔，这些瑰丽的色彩是从哪儿来的呢？”

为了更容易说清问题，我找来一段细铁丝，弯成圆环，向肥皂水里一插，拔出来竖直地拿着，让他俩看上面的肥皂膜。书戎看后不解地问：“这肥皂膜上出现的

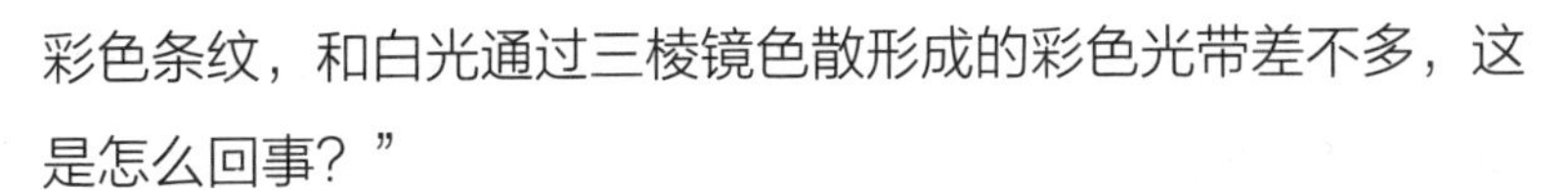

彩色条纹，和白光通过三棱镜色散形成的彩色光带差不多，这是怎么回事？”

“你也看得太粗心了！”我强调说，“它们不是差不多，而是很不一样。要知道，这肥皂膜上的彩色条纹并不是白光色散的产物，而是白光发生干涉的结果。”

“对，是干涉。”书戎接过我的话说，“我记得有一本课外书里说，光是一种波动，当两束波长相同的光在空间中相遇的时候，会在交叠区的不同地方互相加强或者削弱，产生明暗相间的条纹，这就叫作光的干涉现象。”

“是的，这跟声波干涉现象是一样的。”我详细解释说，“实验表明，光传到所有透明薄膜的前后两个表面上，都要发生反射。反射出来的两束光的波长是相同的，能产生干涉。可是竖直放置的肥皂膜因为重力的作用，从上到下各部分的厚度是逐渐增大的，它的纵截面像一个直立的楔子。因此，当某一种色光（如黄光）射到肥皂膜上的时候，在膜的某些地方，两束反射光反射回来，恰好波峰和波峰相遇或波谷和波谷相遇，互相加强，形成亮条纹；在膜的另外一些地方，两束反射光的波峰和波谷相遇，互相削弱，形成暗条纹。”

“噢，单色光射到肥皂膜上会产生明暗相间的干涉条纹，这我明白了。可是，”书戎坦率地说，“为什么在阳光的照射下，产生的干涉条纹那样光怪陆离呢？”

“这是因为阳光是复色光，由各种色光组成。不同色光的波长不一样，红光最长，橙光、黄光、绿光、蓝光和靛光依次逐渐缩短，紫光最短。可是肥皂膜对不同波长的色光的折射率不同，对红光的最小，对从橙光到靛光五种色光的折射率依次逐渐增大，对紫光的最大。阳光照到肥皂膜上，从膜的后表面反射出光，这个过程经历了两次折射、一次反射，这样就把阳光分解成了排列规则的彩色光。在肥皂膜上不同厚度的地方，有的反射回来的色光互相加强，有的互相削弱，因此，阳光在肥皂膜上形成的干涉条纹是五彩缤纷的。”

“原来是这样，”书戎点头说，“以前我玩吹肥皂泡，只顾吹得大、飞得高，就是没有看到上面还有五颜六色的花纹。”

“那只是你没有注意观察。其实，像肥皂泡这样的薄膜干涉现象，在日常生活中并不少见。”我举例说，“例如，只要你留心的话，在阳光下，从浮在水面的油膜上，从蜻蜓、知了等昆虫的很薄的透明翅膀上，都可以看到鲜艳瑰丽的彩色。”

“是的，”书戎回忆说，“我也看到过，下雨后的柏油路上，开过的汽车掉了一些油，在有油的水面上就可以看到一圈一圈五色斑斓的圆环，这是白光在油膜上发生干涉的结果。”说完，小哥俩尽情地吹起肥皂泡来了。书戎嫌刘畅的肥皂水调得不好，为了吹出更大的肥皂泡，他重新调了半杯。接着他俩兴致勃勃地进行比赛，看谁的肥皂泡吹得大、飞得高，还要我当裁判。

看着这活泼、天真的小哥俩，我也仿佛回到了幸福、快乐的少年时代。